博弈与决策

BOYI YU JUECE 第2版

南旭光 张 培 刘敬伟 

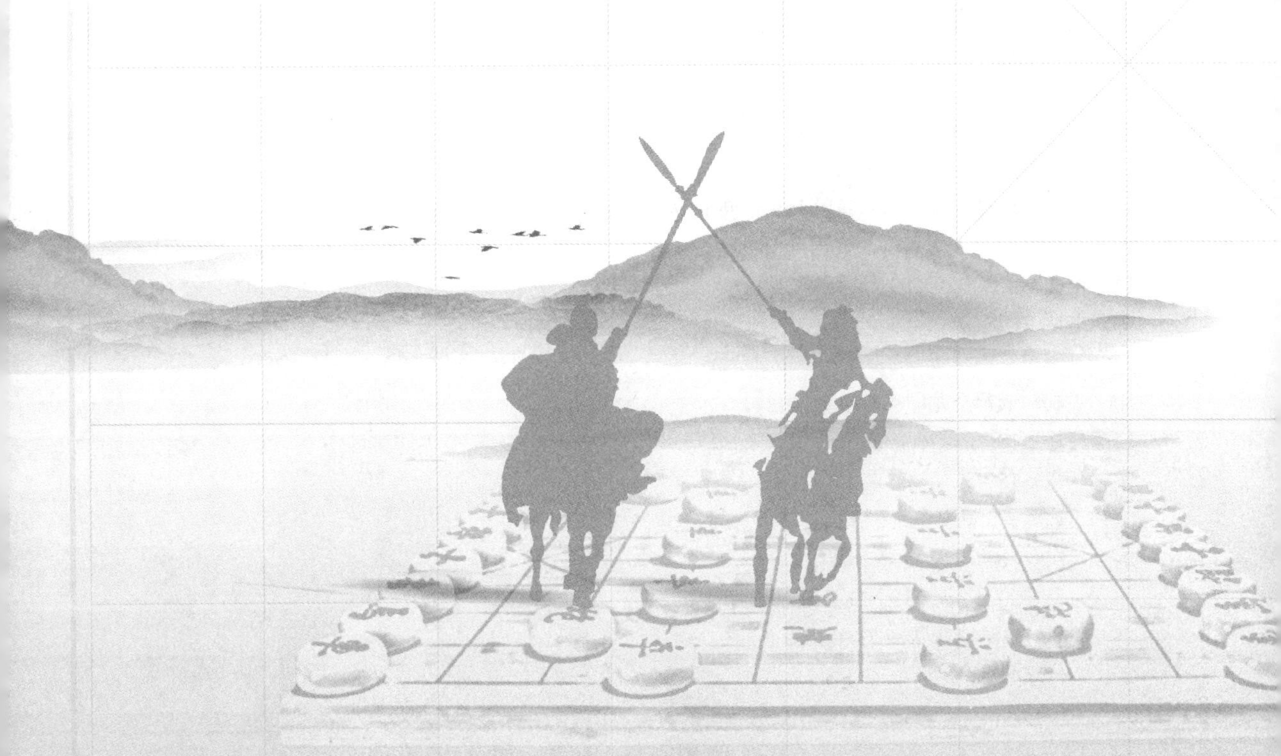

电子科技大学出版社
University of Electronic Science and Technology of China Press
·成都·

图书在版编目（CIP）数据

博弈与决策 / 南旭光，张培，刘敬伟主编. —2 版
. —成都：成都电子科技大学出版社，2024. 2

ISBN 978-7-5770-0881-3

Ⅰ. ①博… Ⅱ. ①南… ②张… ③刘… Ⅲ. ①博弈论
②决策论 Ⅳ. ①O225

中国国家版本馆 CIP 数据核字（2024）第 034413 号

博弈与决策（第 2 版）

BOYI YU JUECE（DI 2 BAN）

南旭光　张　培　刘敬伟　主编

策划编辑　张　鹏　兰　凯
责任编辑　刘　凡
责任校对　魏　彬
责任印制　段晓静

出版发行　电子科技大学出版社
　　　　　成都市一环路东一段 159 号电子信息产业大厦九楼　邮编　610051
主　　页　www. uestcp. com. cn
服务电话　028-83203399
邮购电话　028-83201495

印　　刷　成都金龙印务有限责任公司
成品尺寸　185mm×260mm
印　　张　15. 25
字　　数　370 千字
版　　次　2024 年 2 月第 2 版
印　　次　2024 年 2 月第 1 次印刷
书　　号　ISBN 978-7-5770-0881-3
定　　价　49. 80 元

前　言

博弈论从其诞生之日起便迅猛发展，很快成为一门系统的学科。它凭借新颖的思路、有力的经济分析工具和完整严密的体系为经济学界带来一股新风，使一些传统经济理论得到更合理的解释，也使经济学家有能力去探索某些新领域，所以诺贝尔经济学奖多次光顾博弈论领域。

我们每个人在日常工作、学习和生活中，都面临着这样那样的决策。那么，我们该如何做出科学合理的决策呢？这需要我们了解和掌握一些科学决策的思想和方法，博弈论就为我们提供了一套视角独特、切实有效的理论，为我们的科学决策提供相应的思想和方法。博弈论不仅是一种概念、一种方法，更是一种思想、一种思维和意识。如果我们具备一定的博弈论的思想和决策思维，从小处讲，无论对我们的日常生活，比如夫妻相处、子女教育、家庭关系等，还是对我们的日常工作，比如职场升迁、人际关系等都有一定的帮助；从大处说，不管是公司治理还是商业竞争，也不管是地区发展还是国际关系，都能增添一些科学的力量。

被誉为“当代经济学界最后一位通才”的诺贝尔经济学奖得主、美国著名经济学家保罗·萨缪尔森（Paul Samuelson）曾说过：“要想在现代社会做一个有文化的人，你必须对博弈论有一个大致的了解。”我们编写本书的目的之一，就是突显职业教育类型特色，满足技术技能人才培养需要，对标职业能力要求，让读者对博弈论有一个较为系统的了解。实事求是地讲，结合我们自己学习博弈论的经历来看，要想系统地学好博弈论，其实很难。目前，在我国高等院校里，通常是在一些知名大学的经济学研究生中开设有较为系统、全面的博弈论课程。因为博弈论课程对学习者的要求较高，特别是对其数学基础有很高的要求，甚至有学者把博弈论视为数学或者运筹学的一个分支。不可否认的是，博弈论的经典文献和标准教科书里，充满了大量艰涩难懂的数理推导和玄妙高深的数学公式，足以让人望而却步。然而，这些高深的数理模型想要表达的，其实就是博弈论的基本思想，只不过这种思想在理论研究者那里需要用十分严谨的数学语言表达出来。

早在2011年，中央广播电视大学（现已更名为国家开放大学）要开设一门“博弈与决策”的通识课程，但没有合适的教材。当时市面上的博弈论书籍，要么是内容体系完整、数学推导严密的理论著作，适合普通高校经济类专业高年级本科生、硕士生甚至博士生系统学习博弈论理论和方法的标准式教科书；要么是内容庞杂而不成体系的生活读物，缺少准确的概念解释，靠故事情节吸引大众眼球，虽然通俗，但缺少了严谨的逻辑体系和准确的概念解释，只能作为读者茶余饭后消遣性的大众读物。于是，我们经过一番谨慎的思考、积极的讨论之后，秉承“通俗易懂、学以致用”的原则，以让广大读者对博弈论有一个较为系统的了解为目标开始了写作，也便有了《博弈与决策》最初的版本。本书初版发行后即被包括重庆广播电视大学（现更名为重庆开放大学）在内的全国多所高校选为素质教育通识课教材，一些高校还将其列为经济管理类专业研究生的参考资料，得到了读者的广泛好评。

现在想起来，或许正是因为这本书充分体现了“通俗易懂”的原则且不失教材的逻辑性和严谨性之故吧。当然，为了能既不脱离博弈论的理论体系和逻辑框架，又不单纯靠故事情节吸引读者，我们着实下了一番功夫，以系统而简约的内容、准确且通俗的语言，向读者介绍博弈论的基本思想和决策思维。所谓系统而简约的内容，是说本书基本上涵盖了博弈论的基本概念和基础知识，如纳什均衡、纯策略与混合策略、静态与动态、完全信息与不完全信息、重复博弈、逆向选择与道德风险，甚至包括了一般教科书不涉及的机制设计理论。而对这些基本概念和基础知识，又是以极简约的形式进行介绍，略过那些复杂的数学论证过程，集中笔墨介绍这些概念和知识所体现的博弈思想和决策思维，而不过于纠缠于某些细节。所谓准确且通俗的语言，是说在介绍博弈论的基本概念和基础知识的时候，力求准确表达这些概念和知识，特别是准确辨析一些概念之间的区别与联系。

本书的编写以习近平新时代中国特色社会主义思想为指导，坚持运用辩证唯物主义和历史唯物主义。一方面，将党的二十大精神有机地融入内容设计中，引导学生增强道路自信、理论自信、制度自信、文化自信，帮助学生树立正确的世界观、人生观、价值观，增强发现问题、分析问题和就解决问题的能力；另一方面，坚守中国文化立场，尽量用一些经典的、大家耳熟能详的故事来体现博弈论的思想和决策思维，以期通过讲好中国故事，展示中华文化的精神标识，更好地让读者领会好、运用好博弈论的基本原理和方法。

本书由重庆开放大学（重庆工商职业学院）南旭光教授、重庆师范大学张培副教授、贵州茅台学院刘敬伟教授担任主编，南旭光统领本书的再版工作，张培、刘敬伟分别对一至五章、六至十章进行撰修。另外，重庆科技大学的郑辉昌教授、罗慧英副教授为本书提出了很好的建议和意见，我们在此表示感谢。经过反复研讨，我们在保持基本的理论框架的前提下，重新制定了改版修订的原则、思路和方法，就书中的每一个细节都进行了讨论，对全书内容做了较大篇幅的增添和删改，同时更新了一些内容，修改了一些案例，订正了一些错漏。为了进一步配合通识课教学的需要，我们还精心选编了一些恰当的、简约的章节练习题，便于读者巩固所学章节的基础知识。这样做的目的，不仅是为将本书作为教材使用的学习者提供适当的训练习题，也为其他对博弈论感兴趣的读者提供更鲜活的案例，内容更丰富，语言更流畅，故事更精彩。

由于作者水平有限，本书在体系、内容和表达上难免有不足之处，敬请专家学者和广大读者批评指正。

目　录
catalogue

第 *1* 章

策略行为：决策即博弈

知彼知己，百战不殆；不知彼而知己，一胜一负；不知彼，不知己，每战必殆。

——《孙子兵法·谋攻》

古语有云，世事如棋。生活中我们每个人都如同运盘执子的棋手，每一个行为就如同在一张看不见的棋盘上落一个棋子，精明慎重的棋手们相互揣摩、相互牵制，人人争赢，下出诸多精彩纷呈、变化多端的棋局。博弈论是研究棋手们出棋招数中理性化、逻辑化的部分，并将其系统化为一门科学。换句话说，就是研究经济社会中的行为个体如何在错综复杂的相互影响中得出最合理的策略。事实上，博弈论正是衍生于古老的游戏或者博弈，如象棋、围棋等。数学家们将具体的问题抽象化，通过建立完备的逻辑框架、体系研究其规律及变化。这可不是件容易的事情，以最简单的二人对弈为例，稍想一下便知其中大有玄妙。假设双方都精确地记得自己和对手的每一步棋且都是最理性的棋手，甲落子的时候，为了赢棋，得仔细考虑乙的想法，而乙落子时也得考虑甲的想法，所以甲还得想到乙在想他的想法，乙当然也知道甲想到了他在想甲的想法……

想一想

我们经常会在新闻中看到“博弈”二字，比如能源博弈、大国博弈、外交博弈等，你觉得这和我国古代说的“博弈”是一回事吗？

也就是说，在具有竞争性或对抗性的行为中，参加斗争或竞争的各方各自有着不同的目标或利益。为了达到各自的目标和利益，各方必须考虑对手的各种可能的行动方案，并力图选取对自己最为有利或最为合理的方案。

下面，本章就从战国时期的一个故事开始。

田忌赛马

话说 2300 多年以前的战国时代，两个大诸侯国齐国、魏国争霸，其他小诸侯国也交战不断。各国的贵族们都在广招贤才，为日后图谋霸业积累人力资源。因为遭同门师弟陷害而在魏国被施以刖刑的齐国年轻人孙膑经过一番磨难回到了齐国，并凭借出众的才智很快见到齐国大将田忌。田忌十分赏识孙膑的才干，便将他留在府中，以接待上宾的礼节款待。

这期间发生了一件事，司马迁在《史记·孙子吴起列传》中是这样描写的：

忌数与齐诸公子驰逐重射。孙子见其马足不甚相远，有上、中、下辈。于是孙子谓田忌曰："君弟重射，臣能令君胜。"田忌信然之，与王及诸公子逐射千金。及临质，孙子曰："今以君之下驷与彼上驷，取君上驷与彼中驷，取君中驷与彼下驷。"既驰三辈毕，而田忌一不胜而再胜，卒得王千金。于是忌进孙子於威王。威王问兵法，遂以为师。

田忌喜欢和达官贵人及诸位公子赛马，每次赌注都很大。他们一般是三局两胜，而且习惯把各自的赛马依据实力高低分成上、中、下三个等级。有一次，齐国国君齐威王心情甚好，便和田忌约好进行一场赛马比赛。比赛的时候，田忌和齐威王都是采用"上马对上马，中马对中马，下马对下马"的策略。齐威王毕竟是一国之君，马厩里的马都不是等闲之辈，结果齐威王每个等级的马都比田忌相应等级的马要强一点，所以三局之后，田忌败了。但是他心有不甘，心想："这怎么可能呢？我的马也是到处征集来的宝马良驹啊！"所以继续坚持了若干回合，可是比赛结果依旧。田忌觉得很扫兴，垂头丧气地站起身来，正打算向齐威王请求比赛到此结束，突然感觉身后有人拉了他一把，田忌回头一看，原来是侍从指了指在自己队伍中观看比赛的门客孙膑，并说孙膑想告诉将军，他有办法可以挽回败局。

孙膑对田忌说："将军，我刚才看了赛马，国君的马比您的马也快不了多少……"孙膑还没有说完，田忌就瞪了他一眼："你什么意思啊？看我不顺，这时还来挖苦我！"孙膑不慌不忙地说："我是说如果您愿意再与国君赛一次，我有办法让您赢了他。"田忌疑惑地看着孙膑："你是说另换一匹马来？可是我马厩里的其他马还不如这三匹呢！"孙膑轻声说："一匹马也不需要换，我愿意立下军令状，如果按照我的办法，我保证让您赢得这场比赛。"田忌毫无信心但又心有不甘地说："好，你去安排吧。"

齐威王屡战屡胜，正在得意扬扬地夸耀自己的赛马神勇的时候，看见田忌离席走上前来，便说："田将军，怎么啦，你服不服气啊？"田忌说："君上，您的马神勇，臣很是佩服，也很羡慕，但是我想孤注一掷和您再赛一次！”并转身让侍从把一千两黄铜[①]拿上来，作为他的赌注。齐威王一看，心里暗暗好笑：“这家伙咋回事啊，输急了还是疯了啊?”但是也不能示弱，于是吩咐随从，把之前赢得的黄铜统统押上，又加了一千两黄铜，也放在桌子上。双方准备就绪之后，一声锣响，比赛开始了。这次，按照孙膑的策略，田忌这方先以下等马对齐威王的上等马，很快就输了第一局。齐威王站起来哈哈大笑，心想田忌这家伙真疯了。在接下来进行的第二局比赛中，孙膑让田忌拿上等马对齐威王的中等马，最后险胜了这一局。齐威王开始有点慌了。第三局比赛中，孙膑让田忌拿中等马对齐威王的下等马，结果以微弱优势又获胜一局。这下，齐威王目瞪口呆了。根据三局两胜的赛制，这场比赛是田忌赢了。尽管齐威王还不明就里呢，但是田忌却明白了：还是同样的赛马，由于孙膑调换一下比赛的出场顺序，就得到转败为胜的结果。他不禁暗暗赞叹：“孙膑，高！你的这个决策够厉害!”当齐威王了解失败的缘由之后，也对孙膑刮目相看，并任命他为齐国军师。

我们来分析一下这个赛马的故事：齐威王有上、中、下三匹马，假设分别具有 10 分、8 分、6 分 的水平；田忌也有上、中、下三匹马，假设分别具有 9 分、7 分、5 分 的水平。由于每次只能一匹马对一匹马，那么齐威王和田忌就必须在第一局中各自派出一匹马，第二局中就要在剩下的两匹马中各自选一匹马比赛，最后由各自剩下的一匹马来决战第三局。这个比赛过程是很清楚的。

我们把双方的部署称为策略，那么齐威王有三种策略可以选择，田忌也有三种策略可以选择。这样一来，3 乘以 3 就等于 9，一共可以构成 9 种策略组合，或者说 9 种可能的对局。为了便于观看这场比赛，我们用 3 行 3 列的矩阵图来表示比赛的结果。我们在表格的上方写上“齐威王”以及可供齐威王选择的上、中、下三种策略。同时在矩阵图的左方写上“田忌”以及可供田忌选

---

①据史料及考古发现，齐国自春期时期始至公元前 221 年被秦国所灭，一直以刀币（因其形状像刀而得名）为主币，在中国货币史乃至金属铸造史上都具有重要地位。那个时期及至秦汉，金多指黄铜，因为铜在当时是非常珍贵而价值相当高的物品，“千金”实为“铜千金”。

择的上、中、下三种策略。中间的每一个方格就代表了这场比赛的可能的结果。为了看清比赛的结果，我们用“-”表示输，“+”表示赢。方格左下方如果是“-”表示田忌输掉了这一局的比赛，方格右上方如果是“-”表示齐威王输掉了这一局的比赛。方格左下方如果是“+”表示田忌赢了这一局的比赛，方格右上方如果是“+”表示齐威王赢了这一局的比赛。这样就可以很清楚地画出赛马的输赢分析矩阵图如图 1-1 所示。

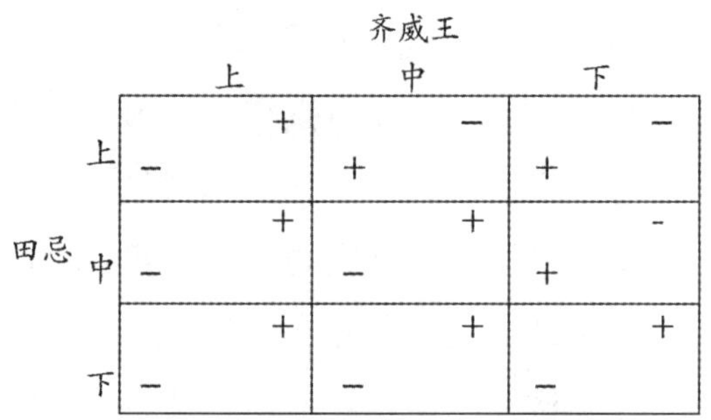

图 1-1　田忌赛马的输赢的分析矩阵图

显然，如果采取传统的“上马对上马，中马对中马，下马对下马”的策略，即当田忌在第一局派出上等马时，齐威王也派出上等马，那么两强相争必有一番看点，两匹宝马良驹在赛道上如风驰过，但是齐威王是一国之君，所养的马肯定比田忌的马好一点吧。就这样，田忌输掉了第一局。第二和第三局也是如此，没有什么悬念。所以，三局下来，田忌得到的结果都是“-”，输掉了比赛，因为田忌每一等级的赛马的水平都比齐威王的相应等级的赛马的水平低。

如果你是田忌，如果你也知道自己的马和齐威王的马的水平对比，那么你画好这个分析矩阵图之后，难免会大吃一惊：我的天啊，9 个可能的结果，有 6 个是齐威王能够获胜，这比赛还怎么进行啊？但是，田忌其实并不知道这个可能的结果，因为他没有发现自己的三匹马和齐威王的三匹马之间的实力相差不大，或者即使他发现了这一点，也没有想过可以改变一下赛马的策略。

然而，孙膑发现了。他首先发现田忌的三匹马和齐威王的三匹马之间的实力相差不大，然后在心里默默地分析了一下，就已经觉察到，其实田忌并不总是那么倒霉，在分析矩阵图的一些框格的左下方的符号还是有三个是“+”呢。那么是不是田忌要是按照这三个策略派出赛马的话，就会获胜呢？没错！所以，孙膑就这么做了，他要保证通过“上马对中马，中马对下马”的策略赢得两局，那么就要同时实施“下马对上马”这个看似愚蠢的策略。结果，这场比赛就成为流传两千多年的经典故事——田忌赛马。

这个故事说明，虽然整体实力不如对手，同时既有策略下的结果也明显不利于自己，但是一样可以争取获得胜利，关键就在于改变对局的策略。这靠的是什么呢？既然我们不能改变现有的实力，那就只有依靠智慧了，这才是决策之道——策略思维。

想一想

我们常说“谋事在人，成事在天”，意思就是说，行动者采取的一项行动能否取得成功，不仅取决于行动者的选择，还取决于不受其控制的随机因素。这个“天”是否就是一个参与者呢？

博弈要素

有一道叫作“攻防作业”的智力题：蓝方有两个师的军力，任务是攻克红方占据的一座要塞。而红方的防御军力是三个师。规定双方的军力只能整师调动，通往这座要塞的道路有甲、乙两条，不妨称之为两个据点。当蓝方发起攻击时，若蓝方的军力超过红方就获胜；若蓝方的军力比红方防御部队军力少或者相等，蓝方就失败。假如你是蓝方的司令，你该如何制定进攻方案？

这是一个很简单的智力游戏题，但是看起来有让人难以接受的苛刻条件——必须以少胜多，这是非常困难的！但我们先不去讨论这个题目所给的信息及规则是否公平合理，还是先来分析一下这个博弈的要素吧。

首先，这个博弈中出现了两方：蓝方和红方，这就是该博弈中的参与者（players）。参与者就是指谁与博弈的各方，通常也称为局中人。在上述“攻防作业”的博弈中，参与者有两个，这也就是一般意义上的双人博弈，如果参与者有多个，就是多人博弈了。参与者的目的是通过合理选择自己的行动，取得最大化的收益。当然，参与者的选择不仅取决于自己的决策，还取决于对方的决策，也就是说，参与各方的决策过程其实就是一个利益博弈的过程。另外，参与者可以是自然人，也可以是团体，如企业、国际组织、国家等。

其次，红蓝双方可以选择的部署方案在博弈论里被称为策略（strategies），有时也被称为行动（actions）。但是应该强调的是，策略是参与者如何对其他参与者的行动做出反应的行动规则，它规定参与者在什么情况下选择什么行动，但并不是行动本身。如果 N 个参与者每人选择一个策略，就组成了一个策略组合。参与者做出决策的原则都是在其他参与者每一种可选择的情况下做出对自己最有利的决策。

对于红方而言，有四种部署方案即四种策略可以选择。

A——三个师的军力都驻守在甲据点；

B——两个师驻守在甲据点，一个师驻守在乙据点；

C——一个师驻守在甲据点，两个师驻守在乙据点；

D——三个师的军力都驻守在乙据点。

对于蓝方而言，则有三种可能的策略。

a——用两个师的军力攻击甲据点；

b——用一个师攻击甲据点，另一个师攻击乙据点；

c——用两个师的军力攻击乙据点。

蓝方为什么要攻击红方的据点呢？很显然是要取得胜利，当然结果也可能是攻之不克，这是蓝方可能得到的利益或者损失，自然也是博弈对局的结果。我们通常称之为支付（payoff）。注意，这个支付并不是说花去的成本，而是获取的收益或者遭受的损失。通常，我们用支付来表示在一个特定的策略组合下参与者能得到的确定的效用，显然它是博弈策略组合的函数。

我们还是以前面介绍过的分析矩形图来分析红蓝双方博弈的结果。这样每个方格的左下方的数字就代表了蓝方发起军事攻击的博弈所得，每个方格的右上角的数字就代表了红方展开防御的博弈所得。并且红方有 4 种可选攻击方案，蓝方有 3 种可选防御方案，4 乘以 3 则一共有 12 种可能的组合。

我们知道，战争是很难估算胜负的支付到底是多少的，为了方便计算，在这个博弈中，我们假设胜利的一方会获得 5 单位支付，而失败的一方则会获得-10 单位的支付。为什么加起来小于 0

呢？这是因为战争是负和博弈，是一种两败俱伤的博弈，即不管双方胜负如何，双方都有不同程度的损失，结果都是对世界造成损失。

假如蓝方采取a策略，红方此时采取A策略，那么蓝方以两个师的军力攻击甲据点，却遭遇到红方三个师驻守军力的防御，结果毫无疑问就是蓝方失败。此时红方获得5单位的支付，蓝方有-10单位的支付。假如蓝方采取a策略，红方此时采取B策略，那么蓝方以两个师的军力攻击甲据点，遭遇到红方两个师驻守军力的防御，结果也是蓝方失败，而红方获胜。如果蓝方采取a策略，红方此时采取C策略，则蓝方以两个师的军力攻击甲据点，因为只遭遇到一个师的抵抗，从而可以占领这个据点，那么蓝方获胜，红方失败。如果蓝方采取a策略，红方此时采取D策略，则蓝方以两个师的军力攻击红方无人驻守的甲据点，从而可以轻松占领这个据点，那么蓝方获胜，红方失败。以此类推，就可以得到分析矩阵图1-2。

也许一开始，我们就告诉你这么复杂的分析矩阵图会让你感觉有些难以接受，但是这或许是快速理解博弈问题的最好方法——在压力中更容易接受新事物。好了，完成了图1-2之后，你可能会发现在这12种策略中，其实蓝方获胜的概率还是有50%，因为有6次可以攻破红方的据点而占领该要塞。所以，蓝方不能着急或者气馁，要遇事沉稳，善于分析，起码有“一半对一半”的胜算。

蓝方 \ 红方	A	B	C	D
a	-10, 5	-10, 5	5, -10	5, -10
b	5, -10	-10, 5	-10, 5	5, -10
c	5, -10	5, -10	-10, 5	-10, 5

图1-2 “攻防作业”博弈分析矩阵图

在进行博弈时，所有的参与者是依据什么做出决策的呢？那就是信息（information），是参与者在博弈过程中能了解和观察到的知识。在上面这个“攻防作业”博弈的例子中，因为双方同时出招，红方和蓝方无法相互沟通信息，他们知道双方的兵力总和，知道有几种可选的决策，只是不知道对方会选择哪一种方案。信息对参与者是至关重要的，每一个参与者在每一次进行决策之前必须根据观察到的其他参与者的行动和了解到的有关情况做出自己的最佳选择。在博弈论中，我们有完全信息和不完全信息。完全信息是指所有参与者各自选择的行动的不同组合所决定的收益对所有参与者来说是共同知识。当然，事情并非都是这样的，博弈过程中的信息有时也是隐秘的，各方之间的信息是不完全对等的，这就是不完全信息。博弈论里所说的“共同知识”（common knowledge），指的是所有博弈参与者都知道，而且所有参与者都知道所有参与者知道这些信息。说简单点就是，对于博弈中的信息，你知道，我知道，你知道我知道，我也知道你知道。当然，这是一个很强的假设，在现实中，即使所有参与者都可以共同享有这些信息，但是每个参与者也许不知道其他参与者知道这些信息，或者并不知道其他参与者知道自己掌握这些信息。这也是博弈论的魅力所在，当然也是我们在进行各种决策时需要考虑的问题。

除了以上谈到的四个要素之外，博弈论中还有一个最为关键的问题，就是博弈均衡与博弈结果。博弈的结果是所有参与者都感兴趣的东西，之所以参与博弈，就是为了获得对自己有利的结果。当然这个结果取决于双方所选择的策略，取决于博弈实现的均衡。这个问题，我们稍后在“博弈与信息”一节中去谈。

博弈树

前面我们利用分析矩阵图——也就是博弈矩阵——分析了博弈的基本问题。这种表达方式简洁明了，可以在一个矩阵图中表达两个参与者的行为策略及其博弈结果。这要感谢托马斯·谢林（Thomas C. Schelling），是他发明了这个分析工具。

其实，这种表达形式反映的是同时发生的博弈策略行动，即博弈双方的互动是同时发生的，是一种静态的博弈。不论是“田忌赛马”还是“攻防作业”，在选定了执行策略后，参与者同时出招，完全不用理会对方刚刚走了哪一步。当然每个参与者都要心中有数，知道这个游戏中存在对手，而对手也清楚这一点。但是现实中的博弈并不都是同时发生的，很多博弈行为是相继发生的，这就是通常所说的轮流出招，称为序贯博弈。这是一种动态的博弈，是指参与者选择策略有时间先后的博弈形式，每次博弈结构不同而连续多次。

在含有序贯特征的博弈中，用矩阵形式来描述博弈进程就显得不太恰当了，而“博弈树”则为我们提供了很好的分析思路。我们在树杈的地方画上一个小圆点（熟悉了以后也可以不画这个点），表示决策结（decision nodes），决策结旁边的字母或者文字代表在这个决策结处进行行动选择的局中人。图中的线段称为“枝”（branches），一个枝表示位于该枝上端决策结处的局中人在该决策结可能选择的一个“行动”，我们会用文字或者字母来说明。最下方的枝的下端称为“终点结”（terminal nodes），当博弈进行到任一终点结时，博弈过程就结束了。以后，我们会在终点结处表示出博弈进行到此处而结束时局中人的支付。

在这样的策略相继发生的博弈中，局中人在博弈开始之前会制定一个“相机行动计划”，它表明“如果……发生，我将选择……”。下面我们来举个例子。

假设发生战争，挑起战争的一方会支出战争成本，若是没有遇到抵抗，挑起战争的一方可以收获额外的收益，但若是遇到抵抗，则挑起战争的一方要支出额外的战争成本，也不会获得额外收益。下面利用博弈树来分析这个博弈，以下数字为假设。如图 1-3 所示的博弈树可以说明这个过程，其中括号内的第一个数字表示 A 国的支付，第二个数字表示 B 国的支付，记为（A 国，B 国）。

当 A 国侵犯 B 国时，如果 B 国不采取任何反制措施，那么 A 国就会从侵犯 B 国的行动中获得 6 个单位的收益，而 B 国虽然没有花费直接的战争支出，但是会因战争损失发展的成果，最终获得2个单位的收益。当A国侵犯B国时，如果B国会选择“以牙还牙”地予以还击，则A国因为战争的消耗以及受到的阻击而假设获得-1个单位的收益，而B国因为鼓舞了士气且抵御住侵略，假设可以获得3个单位的收益。那么，因为3大于2，所以如果A国侵犯B国时，B国最好的策略就是予以回击。

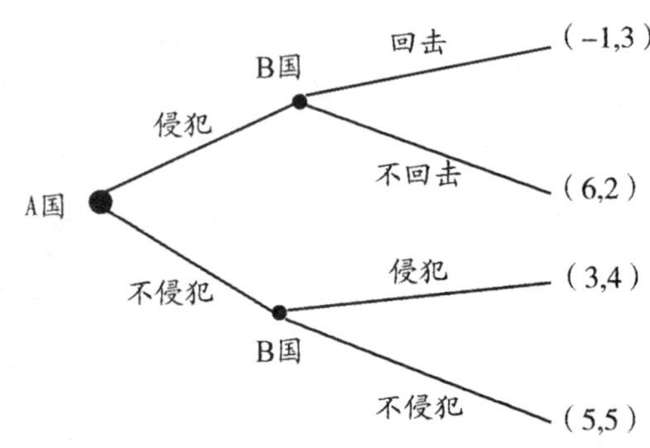

图1-3　B国对外军事策略博弈

想一想

毛泽东曾提出了对敌斗争的“人不犯我，我不犯人；人若犯我，我必犯人”原则，你认为这体现了什么样的博弈思想？

而如果B国首先挑起战争去侵犯A国，那么B国可能会获得一些收益，但是会失去国际信誉，最终能够获得4单位的收益。当A国不侵犯B国时，B国也不去侵犯A国，那么双方各自获得5个单位的收益。因为5大于4，所以当A国不侵犯B国时，B国就不会侵犯A国。

同时，作为理性的政治主体，A国知道B国在遭到侵犯的情况下必然会采取还击的策略，那么它只能获得-1单位的收益，这要小于它不侵犯B国时所获得的5单位的收益。所以，对A国而言，最好的策略也是不主动侵犯B国。

博弈与信息

前面在解释博弈的矩阵分析和博弈树时，就说到了如果按照博弈参与人的行动是否同步来区分，博弈可分为静态的博弈和动态的博弈。严格来讲，静态博弈是指博弈中参与者同时采取行动，或者尽管参与者行动的采取有先后顺序，但后行动的人并不知道先采取行动的人采取的是什么行动。动态博弈指的是参与人的行动有先有后，而且后选择行动的一方可以看到先采取行动的人所选择的行动。前面说的序贯博弈，就是动态博弈的一种。后面还会具体介绍这些博弈在决策中的应用。现在我们想一下，前面在介绍博弈的要素时谈到的参与者所掌握的信息对博弈行为会有什么影响呢？

想一想

你能解释一下这里说到的“完全信息”和“不完全信息”的含义吗？

根据分析，博弈可以依据行动顺序和信息结构来划分，依据前者分类有静态博弈、动态博弈，依据后者分类有完全信息博弈、不完全信息博弈。如果将这两个结合起来，那么 2 乘以 2 就应该有 4 种类型的博弈，如表 1-1 所示。

表 1-1　博弈的分类

按信息结构分类	按行动顺序分类	
	静态	动态
完全信息博弈	完全信息静态博弈	完全信息动态博弈
不完全信息博弈	不完全信息静态博弈	不完全信息动态博弈

我们在这里不去讲解这些复杂的学术性概念，尤其是它们所蕴含的数学问题，也不会按照这个逻辑，从完全信息静态博弈、不完全信息静态博弈到完全信息动态博弈、不完全信息动态博弈这样一步一步地向大家介绍。本书会利用大量的鲜活的事例，力求让大家明白博弈论的理念和方法在日常的决策中是如何运用的。对于在博弈过程中涉及的一些必要的概念和方法，我们会在后续章节中根据需要逐步进行解释。下面先来看一个经典的例子。

话说，张三和李四，平时游手好闲，无所事事，日子过得自然也就很拮据。有一天，二人遇到一起，想要合伙盗窃，认为如果能够做成几次，就不愁吃喝了，于是一拍即合。几番成功得手之后，这一天于是又来到了一座民宅，用准备齐全的工具打开房门进入房间。谁知道，突然报警器铃声大作，而且大门也自动关闭了，任凭怎么敲打也打不开门和窗户。原来，这家主人专门安装了精良的防盗装置。结果可想而知，二人被警察抓住了。

此时警方正在发愁前几次盗窃案件的主犯还没有找到，所以希望从张三和李四身上找到突破口。警方将两人分别置于不同的房间内进行审讯，对每一个犯罪嫌疑人，警方给出的政策都是：如果二人都供认了前几次盗窃的事实并交出赃物，二人都会获得宽大处理而获刑3年；如果二人都拒不承认前几次盗窃的事实，由于证据不足，就只会因本次私闯民宅的罪行而获刑1年；如果二人中有一人坦白了罪行，供认了前几次盗窃的事实、交出赃物，并愿意做污点证人，那么他会因为坦白而被无罪释放，而抵赖者则会被判入狱5年。

这个博弈故事有一个大名鼎鼎的名字：囚徒困境。在1950年，普林斯顿大学数学教授阿尔伯特·塔克（Albert W. Tucker）给一些心理学家做讲演时，为了避免使用繁杂的数学手段而希望能更加形象地说明博弈的过程，第一次提出了这个模型。从此以后，这个故事名声大噪，成为博弈论的经典案例。图1-4给出了这个博弈的分析矩阵。

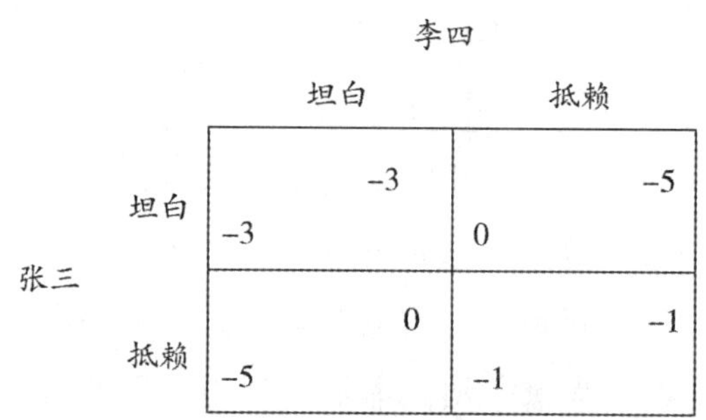

图1-4 “囚徒困境”博弈分析矩阵

我们来看看这个博弈可预测的结果是什么。这里先介绍一下什么叫作均衡。一般意义上，均衡就是平衡的意思。在经济学中，均衡意味着相关变量处于稳定值，比如价格均衡、消费者均衡等。在博弈论里，博弈均衡是所有参与者的最优策略的组合。对任何一个参与者而言，他的战略选择通常会依赖于其他参与者的战略选择。一旦达到博弈均衡，所有参与者都不想改变自己的策略，这就形成一种相对静止的状态，实质上是由动态的竞争到相对静态的合作的一个变化过程。

对张三来说，尽管他不知道李四做何选择，但是在警察告知的政策下，他知道无论李四选择什么，他选择坦白总是最优的策略。因为张三会这么想：假如李四选择坦白，对张三而言，选择坦白会被判刑3年，而选择抵赖则会被判刑5年，那么他一定会更愿意选择坦白；假如李四选择抵赖，对张三而言，选择坦白会被无罪释放，而选择抵赖则会被判刑 1 年，那么他一定会更愿意选择坦白。当然，李四也不知道张三到底会怎么做，所以李四也有和张三一样的想法。那么根据对称性，显然李四也会选择坦白。如此一来，这个博弈的结果就是（坦白，坦白），二人都被判刑 3 年。

你会奇怪，为什么他们不选择（抵赖，抵赖）呢？对于二人整体的刑期而言，显然（抵赖，抵赖）其实是比（坦白，坦白）更优的策略，倘若他们都选择抵赖，每人只会被判刑 1 年。

这个“囚徒困境”博弈实际上就反映了一个很深刻的问题：个人理性和集体理性之间的矛盾也就是参与者之间会不会合作的问题。正是由于参与者都是理性经济人，都是理性而自私的个体，所以，双方都会站在自己的立场上寻求对自己最好的结果。这就决定了（抵赖，抵赖）这个帕累托改进是做不到的。所以这个博弈就是参与人不合作的博弈。这里解释一下什么是帕累托改进，它是指一项政策至少能够有利于一个经济主体，而不会对其他经济主体造成损害。由于张三和李四都要保证选择的策略不能使自己成为“受害者”，即使其中一个人背叛了另一个人，目的也是不吃亏。在这里，参与者趋利避害的天性展现得淋漓尽致。

你可能会想，如果张三和李四在每次行窃之前都制定一个攻守同盟，他们都约定无论如何都死不承认、抵赖到底，不就可以了吗？其实不然，因为这个所谓的同盟不会起到实质效果，没有谁会积极地遵守这个协议。因为张三并不能保证李四一定会在审讯时想到这个同盟协议并且严格遵守，而李四也并不能保证张三一定会在审讯时想到这个同盟协议并且严格遵守。所以这个结果还是不会改变。

诸位一定看过一些警匪题材的电影，假如在上述“囚徒困境”中，两个犯罪嫌疑人的地位并不一样，张三是犯罪团伙头目，而李四是其手下，他们所在的这个犯罪团伙有严密的组织纪律和惩罚制度，比如背叛者的家庭会被组织严厉报复，那么这个博弈结果还会是这样吗？也许此时的结果就是张三坦白而李四抵赖，最终使得张三被释放而李四入狱 5 年。

再假如二者不是被隔离审查，而是被放在一个审讯房里，那么结果是否会发生变化呢？如果警方给出的惩罚措施不是这样，而是如果某个人坦白的话则证据确凿给予其15年的监禁，其他不变，请问这个博弈结果还会是双方都坦白吗？此时就会变成双方都矢口否认了吧。至此，我们不免要赞叹警察的智慧了，他们能够想到可能的问题，通过对审讯方式和“坦白从宽”机制的设置而杜绝了嫌疑人之间可能的“合作”。

想一想

结合对现实生活的观察和思考，你还能举出哪些有关"囚徒困境"的例子吗？

所以，这个问题的实质是参与人是否会进行合作。从这个角度来看，博弈可分为合作性博弈和非合作性博弈。如果参与者从自己的利益出发与其他参与者谈判达成一种有约束力的协议或形成联盟，参与各方都在协议范围内行动，这就是一种合作博弈。如果参与者之间不可能或者根本没办法达成具有约束力的协议，不能在一个统一的框架下采取行动的话，这种博弈类型就是非合作博弈，看起来有互不相容的味道。现在你明白为什么要介绍这样一个经典的案例了吧？就是为了向你解释合作与不合作的问题，从而引出本书所要分析的重点，也可以说是本书的基本思路，即在非合作性博弈中如何有效决策的问题，那些水到渠成的合作情况我们就不需要特别关注了。

“囚徒困境”博弈在经济学、社会学、政治学等诸多领域都有着广泛的应用，比如价格竞争、寡头垄断、公共品供给、环境保护、军事竞赛等。这里不对其进行详细的阐述和分析，而是会告诉大家该如何利用该博弈分析若干现实的问题，也会告诉大家如果遭遇了这类问题，又该如何走出“囚徒困境”。

寻找优势策略

作为本书的第1章，尽管我们不打算把复杂的满是数理公式和几乎不认识的数学符号的博弈论知识告诉大家，但还是要介绍基本的分析思路。为此，在前面的基础上，我们来看一下参与者是如何寻求对自己有利的博弈策略的。

为了找到比较好的策略，我们也要找到那些劣势的策略。所谓劣势策略，是相对于优势策略而言的，就是在某个博弈中，某个策略带来的可能结局是相对较差的，或者说获得的支付是比较差的。所谓优势策略也不一定就是指绝对的优势策略，也可能是在某些情况下相对的优势策略。为了简单清晰起见，可以先回过头去从“囚徒困境”博弈开始分析。

我们再明确一下，分析矩阵中方格右上方的数据是李四的支付，左下方的数据是张三的支付。对于张三而言，不论李四选择什么策略，他选择“抵赖”都会比选择“坦白”受到的损失更大，因为判刑 5 年要比判刑 3 年差，判刑 1 年要比无罪释放差。我们用一条横的虚线将张三“抵赖”这个明显处于劣势的策略划去，如图 1-5 所示。而对于李四而言，不论张三选择什么策略，他选择“抵赖”都会比选择“坦白”受到的损失更大，同样也是因为判刑 5 年要比判刑 3 年差，判刑 1 年要比无罪释放差。我们再用一条竖的虚线将李四“抵赖”这个明显处于劣势的策略划去。也就是说，“抵赖”对这两个犯罪嫌疑人而言就是严格的劣势策略，而“坦白”则是严格的优势策略。而理性的人怎么会选择对自己明显不利的策略呢？

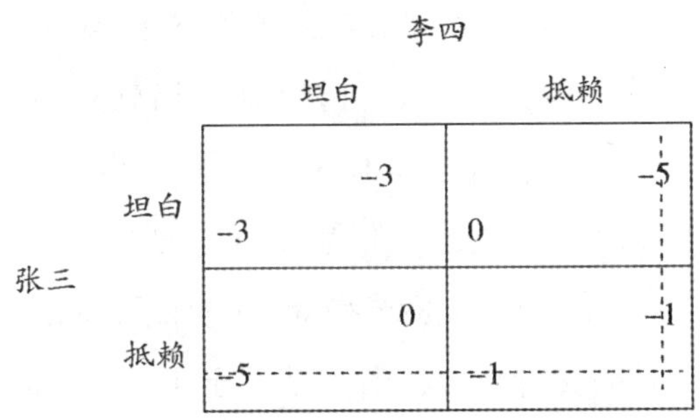

图 1-5　“囚徒困境”博弈的剔除劣势策略

所以，该博弈的结果其实在规则设定时就已经给出了答案：两个犯罪嫌疑人都会招供，这也是这种审讯规则设计的高明之处。为了规范起见，我们说（坦白，坦白）是一个占优战略均衡。前面介绍了，所谓博弈均衡就是说此时博弈双方对峙的局面比较稳定。而（抵赖，抵赖）虽然是一个可能的最好的策略，但是却不稳定，无法实现博弈均衡。通过这个博弈，你就应该明白：现实博弈中的最好结果不一定发生，能实现的结果也不一定是最好的；

最好的策略不一定是均衡策略，均衡策略也不一定是最好的。但是站在参与者的角度来看，均衡策略一定是他对对手所选择的策略做出的最好的反应。

这个博弈也许太简单了，我们用两条虚线横竖一划，结果就出来了，那下面来看一个稍微复杂一点的例子。假如有两个企业，一个叫颐晨，另一个叫华乐，它们都生产功能相似的产品，不妨设为洗发水。现在的问题是，颐晨有三种配方，华乐有两种配方，而这些配方的产品由于受到消费者的喜好程度不同，在市场上销售获得的收益也不同。考虑到生产的成本问题以及可能的市场容纳问题，不妨将这两个企业的生产博弈表示为图 1-6。

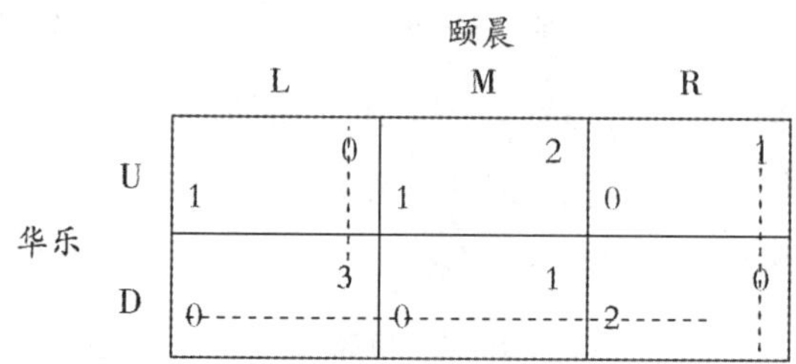

图 1-6　华乐和颐晨的生产博弈的剔除劣势策略

在这个博弈的分析图中，我们发现，华乐不论如何选择都没有绝对的优势策略。因为当颐晨选择 L 策略和 M 策略时，华乐选择 U 策略会得到 1 单位的支付，选择 U 策略就是最优的；但是如果颐晨选择 R 策略，华乐选择 U 策略反而会得到 0 单位的支付，此时选择 D 策略就是最优的。但是我们看看颐晨，虽然可能获得的支付各不相同，但是当颐晨选择 M 策略时所获得的支付显然要比选择 R 策略时的支付要大，因为 2 大于 1，1 大于 0。那么，作为一个理性经济人（当然是管理者），颐晨就不会选择 R 策略。我们可以用一条竖的虚线将 R 策略剔除。在剩下的博弈策略组合中，可以很清楚地看到，华乐不会选择 D 策略，因为这对它而言是一个明显的劣势策略，我们不妨再用一条横的虚线将 D 策略剔除。此时，我们得到了一个更加简单的博弈，只有一行二列。其中，对于颐晨而言，M 策略就严格优于 L 策略，也就是说，理性的颐晨将会把 L 策略剔除。博弈至此就得到了一个均衡的结果（U，M），即颐晨采用 M 配方生产其洗发水，华乐用 U 配方生产其洗发水，两个企业分别得到 1 个单位和 2 个单位的收益。

在上述博弈中，华乐并没有严格的优势策略，但是它知道只要颐晨是理性的，就不会选择 R 策略；而颐晨也知道只要华乐是理性的，就不会选择 D 策略；华乐知道只要颐晨知道华乐是理性的，那么颐晨就不会选择 L 策略；在双方都是理性的情况下，博弈最终趋于均衡结果（U，M）。

现在可以看出，在“囚徒困境”博弈中，我们用两步剔除就可以找到最优的博弈策略，而在上述华乐和颐晨的产品博弈中，我们要用三步剔除才可以找到最优的博弈策略。显然，博弈参与人的战略空间越大，可选择的策略越多，需要剔除的步骤就越多，当然对于信息的要求也就越严格，我们寻找稳定的优势策略就越困难。

小结

本章已经告诉你，博弈论到底是什么。一个完整的博弈，都应该有一组参与者存在，而参与者们面对着完全或者不完全的信息，都有可选择的行动策略，这些行动策略会为他们带来可能的支付。当然，博弈的参与者可能在全然不知道对方所用策略的情况下做出自己的策略选择，也可能在掌握了对方采取的行动后再选择相应的策略。这是两种不同的策略决定方式，但是无论如何，我们认为博弈的参与者都是理性经济人，他们会寻找对自己最有利的行为策略。

基础练习

一、根据以下材料，回答问题。

A、B 两企业利用广告进行竞争。若 A、B 两企业都做广告宣传，在未来销售中，A 企业可以获得 20 万元利润，B 企业可以获得 8 万元利润；若 A 企业做广告宣传，B 企业不做广告宣传，A 企业可获得 25 万元利润，B 企业可获得 2 万元利润；若 A 企业不做广告宣传，B 企业做广告宣传，A 企业可获得 10 万元利润，B

企业可获得 12 万元利润；若 A、B 两企业都不做广告宣传，A 企业可获得 30 万元利润，B 企业可获得 6 万元利润。

（1）画出 A、B 两企业的损益矩阵。

（2）求出两家企业的博弈结果。

二、请用剔除恶劣策略的方法寻找习题图 1-1、习题图 1-2 所示博弈的最优策略。

（1）写出剔除的步骤或顺序。

（2）画出相应的剔除线。

（3）给出最优的博弈结果。

饮料甲 \ 饮料乙	低价	高价
低价	3, 3	6, 1
高价	1, 3	5, 5

习题图 1-1

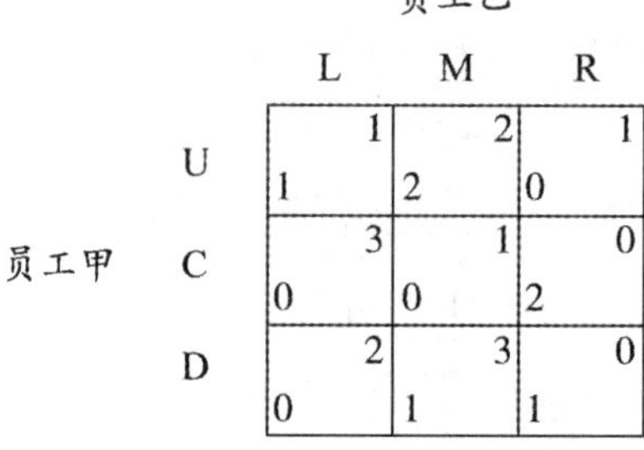

员工甲 \ 员工乙	L	M	R
U	1, 1	2, 2	0, 1
C	0, 3	0, 1	2, 0
D	0, 2	1, 3	1, 0

习题图 1-2

第 2 章

囚徒困境：个体理性的决策缺憾

人的思维是否具有客观的真理性，这并不是一个理论的问题，而是一个实践的问题。人应该在实践中证明自己思维的真理性，即自己思维的现实性和力量，亦即自己思维的此岸性。

——卡尔·马克思（Karl Heinrich Marx）

第 1 章中谈到了“囚徒困境”博弈，本章要继续向各位展示我们在试图合作时可能遇到的诸多困境，这些或许是各位在日后工作生活中会遇到的困境，都为我们的决策带来一系列思考。因为前面已经说了，“囚徒困境”博弈的内涵是：合作可以产生最佳的结果，是集体理性的，但是不合作却是基于个体理性的。

价格联盟

经济学的鼻祖亚当·斯密（Adam Smith）曾经说过，只要是同一行业的人在一起聚会，即使只是娱乐和消遣，聚会也是以反对公众的阴谋或某种提高价格的计谋而结束。这句话非常深刻地道出了厂商或生产者的趋利性。时至今日，人们对于“价格联盟”一词已经不陌生了。早在 1960 年 9 月，为了联合起来共同对付西方石油公司，维护石油生产国的利益，伊朗、伊拉克、科威特、沙特阿拉伯和委内瑞拉成立了石油输出国组织（OPEC，欧佩克)，通过联合限产来提高石油价格，从而提高成员国的收益。这就是最著名的国际市场上的价格联盟卡特尔（Cartel）①。尽管欧佩克每年都在风景秀丽的日内瓦、维也纳等地开会制定限产计划，并在争吵中达成协议，但是实际上各成员国并不想执行。事实上，截至目前，在人类社会的经济活动中，除了欧佩克一度比较成功以外，卡特尔成功的例子实在很少。欧佩克之所以比较成功，很重要的原因在于其最大的成员国沙特阿拉伯“自律”较严，对于一些小的石油生产国家的违约行为不那么斤斤计较，显示出了自己的大度，也正因为这样，欧佩克才能够在磕磕绊绊中还算比较成功地走到了今天。

欧佩克离我们太远，还是来分析一下彩电峰会吧，其中的道理是一样的。

2000 年 6 月，以康佳为首的国内九家彩电生产企业（包括 TCL、创维、乐华、海信、熊猫、厦华、西湖、金星）联合发起

①卡特尔（Cartel）是由一系列生产类似产品的独立企业所构成的组织，集体行动的生产者，目的是提高该类产品的价格和控制其产量。这是一种串谋行为，它旨在使一个竞争性的市场变成一个垄断市场，属于寡头市场的一个特例。

了彩电峰会，在深圳结盟，名义上是要“探讨中国彩电业发展大计，从竞争走向竞争合作”，实质上是“以同行议价形式共同提高彩电零售价格，并迫使显像管供应商降价”。以此为发端，随后陆续出现了钢铁联盟、空调联盟、民航机票价格联盟、电脑价格联盟，一时间价格联盟甚嚣尘上。然而，值得思考的是，尽管这些价格联盟拼命维持小集团的利益，最后却都无一例外地躲不掉土崩瓦解的命运。

假设只有两个厂商瓜分彩电市场，即K和T，如果他们不进行任何合谋，各自按最低成本时的产量进行生产，每年各自生产500万台彩电，成本为每台1 800元。此时市场上年供给量为1 000万/台彩电，价格为1 800元/台，K和T的超额利润[①]都为0。假如这个时候他们能达成价格合谋，两家都限定在每年各自生产300万台的产量上，成本则为每台2 500元。市场上的供给量可以减少到每年600万台，而需求没有变化，价格变为3 000元/台。这样每家厂商可以获得超额利润15亿元。很显然这种价格联盟是有利可图的。但是假如有一方违约，情况会如何呢？假如T违约，每年生产500万台彩电，其成本为1 800元；而K遵照约定每年生产300万台，成本为2 500元，市场上每年总供给量为800万台彩电，价格约为2 250元/台。此时，T由于违约会获得22.5亿元［500万×（2 250-1 800）］的超额利润，而K因为守约会遭受7.5亿元［300万×（2 250-2 500）］的损失。

这个博弈可以描述为图2-1所示的矩阵。此时，对于K而言，T选择守约时，K会选择违约，因为此时可以获得22.5亿元的超额利润，显然大于守约时的15亿元。而如果T选择违约，K会选择违约，因为此时虽然不能获得超额利润，但是也不至于亏损，但要是守约呢，则要亏损7.5亿元。而对于T而言，结果也是一样。因此K和T两家企业都假装遵守协议，然后期望在对方制定高价时悄悄地制定低价，以夺取市场。结果，两家生产彩电的企业都会为了自身利益最大化，无一例外地选择违约，这样一来，K

①超额利润，也称为经济利润（economic profit），是企业利润中超过正常利润的那部分利润，即厂商的收益与它的成本之差，后者包括从最有利的另外一种厂商资源的使用中可以获得的收益。

和 T 的价格联盟就以失败告终。

		T	
		守约	违约
K	守约	15 15	22.5 –7.5
	违约	–7.5 22.5	0 0

图 2–1　彩电价格联盟的博弈

如果这里有九家彩电企业，就是所谓的“彩电峰会”了。一方面，企业多了，谈判成本加大，难以达成一致意见；另一方面，即使违约了，其他成员企业也很难对其进行有效惩罚。因此他们都面临着守约还是违约的选择。事实上，九个成员企业的决策过程和上述两个企业的决策过程是一样的。所以，“彩电峰会”结束以后的短短几天内，各地的彩电价格普遍下降。虽然此后连续召开两次彩电峰会，参会企业都表示要继续维持前两次会议的限价决议，但是各地彩电仍然在降价销售。

理性告诉我们：一方面，随着彩电技术水平的提高以及生产规模的扩大，生产成本不断下降，彩电的市场价格将呈现出逐步下滑的趋势，而这正是彩电市场趋于成熟的表现。任何违背市场规律的行为终将导致失败。另一方面，决定价格的基本因素是供求关系，在供小于求的情况下，不需要价格联盟，产品价格也会上升，但在供大于求的情况下，任何价格合谋或者联盟都无法长期维持高价格。更何况，如果只在协议中规定各方要共同遵守，并不规定对违约者的惩罚措施，这样的联盟只会不攻自破。当然，一方面，价格联盟本身也不具有任何法律效力，即使有企业不遵守达成的协议，其他企业也无法要求赔偿损失；另一方面，这种联盟有制造垄断的目的，通过操纵市场哄抬价格是违法的行为，违反了公平交易法，这当然会引起政府对当事企业的惩罚。

理论上讲，几乎所有基于利益合作的同盟都会遭到失败，原因就在于这种类似于“囚徒困境”的攻守同盟协定没有成员有兴趣遵守。但是，这是不是就意味着不可能有成功的合作了？实际上，如果是一次性博弈的话，基于个人利益最大化的目的，当事

想一想

如果南美洲、东南亚的主要香蕉生产国组建一个香蕉输出国组织，以期控制国际市场上的香蕉市场价格，你觉得会有显著作用吗?

人之间只会有相互背叛的可能。但是，如果这个博弈不是一次性的，而是多次博弈、重复的博弈，那么人们就有了合作的可能性，“囚徒困境”也就有可能破解，合作就有可能达成。也就是说，一个一次性的博弈是没有办法令双方达成互惠合作的，只有在一种持续的关系中才能够体现惩罚的力度，并成为合作的激励因素。如果在一个长期的联盟中，人为的背叛造成合作破裂，势必会遭到报复，也会付出代价，而且这一次的背叛的代价会在日后以利润损失的形式出现，假如这个代价足够大，背叛就会受阻，合作就会得以继续。在后面的第 7 章里会谈到这一点。

但是我们要注意，企业间进行价格竞争时，对消费者而言，是一件好事，企业间的激烈竞争使消费者获利。然而，有些时候，各国政府原本出发点很好的法律法规却很可能得到相反的结果，比如下面将要介绍的“禁烟广告”。

当前，在世界范围内“禁烟运动”的巨大声浪下，各国都通过了禁止在电视上做烟草广告的法律，在我国也是如此。《中华人民共和国广告法》等明确规定，禁止利用广播、电影、电视、报纸、期刊发布烟草广告或以文章的形式变相发布烟草广告。然而，有关统计资料显示，尽管禁止发布烟草广告使烟草公司的销售量有所下滑，但是烟草公司的利润却提高了。

烟草行业和其他行业一样竞争激烈，为了争夺市场，各大烟草公司都想做广告，法律禁止发布烟草广告无疑降低了它们的利润。显然，如果烟草公司都不做广告，它们的利润会更高。可是，如果只有其中一家烟草公司不做广告，它的市场份额就会被其他烟草公司抢走。这正是一个“囚徒困境”。在这种情况下，做广告就是优势策略。那么，在市场竞争态势下，靠烟草公司的自律联盟，能否达成大家都不做广告的协议呢？根据前述的博弈模型，这个结果显然不可能实现，因为哪个烟草公司遵守协议，就很可能因竞争对手的背叛而失去市场份额和收益。

可是现在情况变了，烟草公司自己不能靠“禁做广告联盟”解决的事，法律法规替它们做了。而且，根据“囚徒困境”博弈的逻辑，自律的联盟必然会因为成员的背叛而破裂，但是法律却不能违背。这样一来，法律规定起到了联盟协议的作用，加上法律的强制性和政府的监督性，大家都不能发布烟草广告了。你说，烟草公司何乐而不为呢？

公地悲哀

几年前，和全世界的众多影迷一样，笔者非常喜欢看《指环王》三部曲，也因此喜欢上了影片的拍摄地——新西兰库克山。再后来，笔者逐渐喜欢上新西兰这个国家，申请国家留学基金项目时，笔者也毫不犹豫地选择到新西兰去做访问学者。但是当笔者刚来到新西兰时，这里的媒体却说“……田园风光正面临大面积的环境污染和破坏”。说起原因呢，竟是受到了放牧密度过大的影响——奶牛养殖业的繁荣导致含氮化肥的施用日益增多，牲畜存栏数增加，灌溉面积扩大，所以，新西兰的许多江河湖泊都大受其害。时任新西兰议会环境委员会委员的摩根·威廉斯说：“我们的自然资源承受了很大的压力，如果农牧民依然我行我素，那么他们不仅将引起其他由于健康和娱乐原因需要清洁用水的新西兰人的反对，而且还将使新西兰的农牧产品进入海外市场的通路面临关闭的风险。”

早在 1968 年，就有一位名叫加勒特·哈丁（Garret Hardin）的美国学者注意到了这类问题，并撰写了一篇题为《公地的悲剧》的文章发表在《科学》杂志上。他的问题是这样的：有一块公共草场，居住着一群牧民，为了生计，他们只能一同在此放牧。有一位牧民明知草场上羊的数量已经太多了，但他还是很想再多养一只羊或者一头牛，因为这样也许可以增加个人收益，当然这样的后果就是使草场的质量下降。那么该牧民将如何取舍呢？再如果每位牧民都从自己的私利出发，毫无疑问，他们肯定会选择多养牛羊以获取个人收益，但是草场退化的代价显然将由大家共同承担。当每一位牧民都如此思考时，哈丁担心的事情发生了：草场质量持续退化，直到大家都不能够在此放养牛羊，最终所有牧民就会一起破产而无法维持生计。这就是“公地悲哀”①。

现在，我们还是将这样的问题用博弈的形式表达出来吧。首先假设在一块草场上有两个家庭，分别是 A 和 B，他们共同享有这片草场并可以在草场上通过养牛谋生。实际上，他们确定牛的饲养量的过程，就是相互之间的一场博弈过程。A 和 B 两个家庭都有两个策略可选择：超额或限额。他们之间的博弈如图 2-2 所示。

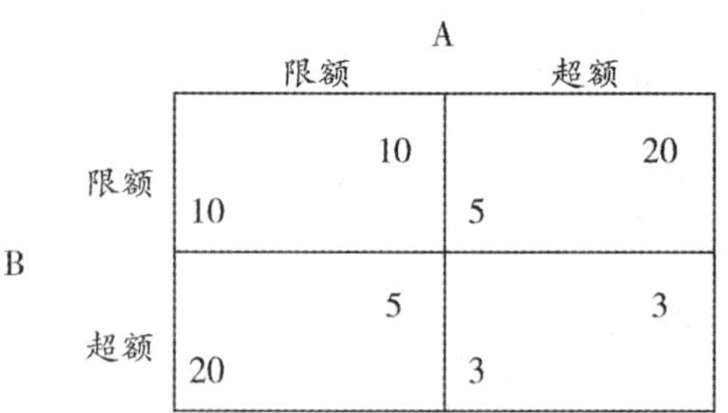

图 2-2　过度放牧的博弈

A 和 B 两个家庭都明白这块草场是两家共有的，如果没人协调也不可能划分出两小块让两家各自使用，那么 A 和 B 必然都想从这块草场上多获取一些收益。为了方便，我们不妨假设这块草场可以正常放牧 1 000 头牛。两个家庭实力相当，如果都各自限额牧养 500 头牛，两家相安无事，都可以获得 10 万元的收益。但是人总有一些私心在作怪，如果 A 认为，他悄悄地多养一些牛而 B 没有发现且 B 也没有多养的话，这样一年下来，虽然草地质量下降了，牛群整体的成长质量（比如重量和肉质）下降了，但是自己牧养的牛的数量多些，还是可以获得 20 万元的收益，而 B 则获得 5 万元的收益。经过这样的分析，A 就有了增加牧养数量的冲动。

但是此时的 B 会干什么呢？其实 A 想到的事，B 一样在盘算。B 也知道，如果他悄悄地多养一些牛而 A 没有发现且 A 也没有多养的话，这样一年下来，他便可以获得 20 万元的收益，而 A 则获得 5 万元的收益。于是，B 也难免会有增加牧养数量的冲动。

结果是，两个家庭都在年初悄悄地多（超额）养了一些小牛，

①公地悲哀（Tragedy of the Commons），也译为公地悲剧、共同悲剧，其实就是“公有资源的灾难”，展现的是一幅私人利用免费午餐时的狼狈景象——无休止地掠夺。

为了不至于增加太多而被对方看出来，不妨假设他们各自有 600 头牛，这样整个草地上就放牧了 1 200 头牛。也许双方都以为对方不知道，也许双方心里都明白，对方肯定也增加了牧养的数量，不管如何，原本可以放牧 1 000 头牛的草场现在放牧了 1 200 头牛，结果，这些牛的成长都受到了影响，不管是重量还是肉质都大不如从前。一年下来，两个家庭都只获得了 3 万元的收益。此时此刻，两个家庭都在懊恼，悔不该当初啊。但是这又能怪谁呢？

理论上来讲，即使这块草场是公地，有 N 户牧民都可以在草场上自由地放牧，那么他们会从个人收益最大化的角度考虑，决定自己牧养的牛的数量，这时草场上放牧的牛的总数等于 N 户牧民牧养的牛的数目之和。如果草场上放牧的牛的总数不超过该草场最优的放牧限额，这里的牛都可以获得最好的成长质量，各家牧民也会获得最好的收益。但是问题在于谁愿意规规矩矩地遵守这个限额呢？以上简单化的两个家庭放牧的结果还是好的，如果 N 户牧民都超额牧养，最糟糕的结果可能是大部分牛都被饿死，这些牧民都会破产或者被迫迁移。“公地悲哀”是一个极具代表性的经济现象，类似的现象还有公海的过度捕捞、动物的过度捕猎等。

其实，在我们的日常生活中，经常遇到这样的事：楼梯间的灯坏了，可能长时间没人修；小区里的路灯坏了，可能长时间走夜路……也许有人说，这个很好办啊，给物业公司打个电话，他们就会来修了啊。没错，这也正是我们要谈的问题，现在假设没有物业公司，情况是不是这样的呢？

假如小李住在某集体公寓的顶楼——八楼，小张住在七楼。这个公寓没有物业管理公司，只是当初约定了所有住户自己负责楼道卫生和照明。恰好有一天，七楼楼梯间的灯坏了。小张回家时要用手电筒照明才能打开房门，小李回家时也要经过没有灯的七楼楼梯间，一不小心就会踩空阶梯。事情持续了好几天，但是始终都没有人换上新的灯泡。为什么呢？

对小李和小张而言，一个住八楼，一个住七楼，对于这个灯泡坏掉的问题都有两种选择：换与不换。谁出钱换个灯泡，就要花费4个单位的成本，但是可以得到3个单位的好处，至少不用再黑灯瞎火地在楼梯间摸索了。如果两个人共同更换灯泡，每个人只需要支付2个单位的成本。于是，这两个人的博弈就开始了，如图2-3所示。

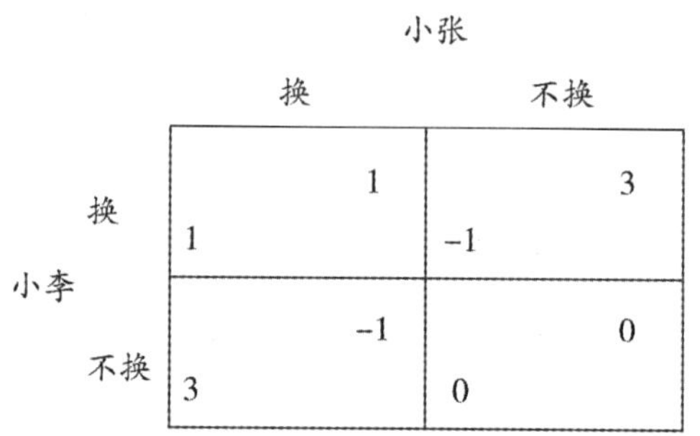

图2-3　楼梯间换灯泡的博弈

如果小张和小李共同更换灯泡，二人分摊成本各自付出2个单位的成本，获得3个单位的好处，各自的净收益为1个单位。如果小张和小李之中有一个人负责更换灯泡，就要支出4个单位的成本，获得3个单位的收益，净收益为-1个单位；而另一个人可以坐享其成，获得3个单位的净收益。对于这样的问题，小李或许会想："我住八楼，凭什么要更换你七楼的灯泡啊，这是你负责的楼梯间嘛，凭什么我替你做这样的事啊？"小张或许会想："我住在七楼没错，但是小李不走这个楼梯吗？我换了灯泡之后，凭什么让他白白地享受照明呢？反正我平时也不去八楼，而他要回家，就必须经过七楼。"这样的博弈之下，相信你通过分析已经知道结果了：他们都不会主动更换灯泡。

当然，你或许不以为然，会说："这样的小事，不就是换一个灯泡嘛，谁换了都行，也就是几块钱的事，何必呢？再说了，邻里之间的和睦才是最值得提倡的。退一万步讲，可以引进物业管理啊，这些事情可以让他们去做。"的确，你的说法是对的，但是这些不属于这个博弈讨论的范畴了，因为我们早就说过，博弈论中的当事人都是理性经济人，这里讨论的是如何对这类公共物品或准公共物品供给的一种社会治理机制。其中既充分体现了个体理性和集体利益之间的冲突，也体现了个体理性和决策收益之间的冲突。

下面还是来说一下公共物品。通常我们说，如果一件物品具有排他性和竞争性，这个物品就是私人物品。排他性是指，这个商品你用了别人就不能再用；竞争性是指，这个商品你用了一件别人就会少用一件。那些与此对应的，具有非竞争性和非排他性特征的物品就是公共物品。公共物品可以分为纯公共物品和准公共物品。前者如国防、灯塔等，这类公共物品一般不能或不能有效地通过市场机制由企业和个人来提供，主要由政府来提供。后者涵盖的范围十分广泛，包括大多数城市公用设施、公共教育和医疗保健服务等，如博物馆、图书馆、公园、有线电视频道和高速公路等。

对于消费者需要的具有公共物品性质的产品或者服务，它们的所有权就不具有排他性，如前面谈到的那块草场。每位牧民都追求自己的最大利益，都被锁定在一个迫使他在有限范围内无节制地增加牲畜的制度中，结果对公用草场的自由使用给所有牧民带来了灾难性的结果。为了避免这样的结果，我们可以用制度约束和道德约束来进行调节。

所谓制度约束，就是要建立相应的权力机构，无论这种权力机构是公共的还是私人的。这在经济学家的眼里，就是要建立明晰的产权制度。比如对于那块草场，政府有关部门可以制定出明确的规章制度，明确划出若干小块，分给牧民自行管理，谁都不能越界放牧。这样一来，每位牧民都会在各自的小牧场中放养最优数量的牛羊，而不会过度地超额放养，也就避免了“公地悲哀”的产生。

所谓道德约束，就是要建立起相应的基于社会道义的行为规范，让人们基于道德约束来调节自己的言行。比如七楼那个楼梯间损坏的灯，不管是小张还是小李更换，都只需要付出很小的成本，但是却可以让许多人都能享用，都可以从中得到好处，哪怕他没有为此贡献过一分钱。为了营造友好和睦的邻里关系，为了实现社会和谐，我们又何必如此斤斤计较呢？

当然，我们要认识到，随着社会经济的发展，结合我国的国情，我们需要政府规制和市场机制两者有机结合，才能更好地解决公共物品供给以及相关产业发展中的过度进入问题，大到环境污染问题、地球变暖问题、高速公路建设问题等，小到办公室茶水间的

想一想

你能举例说明城市管理中存在的哪些问题是“囚徒困境”的表现吗？

汤匙丢失问题、垃圾邮件问题。即便是前面谈到的楼梯间换灯的问题，如果将公寓交由物业管理公司进行管理，或者是规定每一层的楼梯间的照明必须由该层住户负责，否则就要受到惩罚，那么，这个问题就迎刃而解了。

腐败问题

党的十八大以来，以习近平同志为核心的党中央把全面从严治党纳入“四个全面”战略布局，开展了史无前例的反腐败斗争，以“得罪千百人、不负十四亿”的使命担当祛疴治乱，不敢腐、不能腐、不想腐一体推进，反腐败斗争取得压倒性胜利并全面巩固，消除了党、国家、军队内部存在的严重隐患，确保党和人民赋予的权力始终用来为人民谋幸福。2022 年 10 月，党的二十大报告继续强调：“腐败是危害党的生命力和战斗力的最大毒瘤，反腐败是最彻底的自我革命。只要存在腐败问题产生的土壤和条件，反腐败斗争就一刻不能停，必须永远吹冲锋号。”

腐败通常被定义为“为了私人利益滥用公共权力”。“私人利益”不仅包括接受金钱或者有价值的财产，还包括权利的增加和地位的上升。腐败的类型多种多样，我们不在此赘述，有兴趣的读者可以参考其他资料。随着社会经济的发展，单一个体腐败越来越受到来自国家、法律和社会舆论的压力，被人举报和被查处的概率较高，以至于单一个体的腐败已经难有生存的余地，所以，有一些腐败变得更加隐蔽，且以合谋的形式出现。

有一种腐败表现为集体腐败，通常也称为腐败窝案或共谋性腐败，指的是多名官员结成同盟、共同开展腐败行为的现象。他们以集体和组织的名义，利用手中的权力为圈内人谋取私利，从而大大降低了腐败者的心理成本。而且，一旦日后东窗事发，也可以集体决定为由推脱个人责任，降低了被惩处的概率。这是相对于个体腐败在更深层次上的腐败，对社会的危害更大，对政府威信损害更严重。集体腐败的主要表现形式有：集体贪污、集体贿赂、集体谋私、公权滥用、福利性腐败、集体挥霍、“从众式”

腐败[①]等。

在以习近平同志为核心的党中央的领导和部署下，我国大力整治群众身边的不正之风和腐败问题，腐败问题已被控制在较低水平。但在有些国家和地区，集体腐败问题依然较为严重。下面我们用一个简单的博弈模型来分析一下集体腐败的产生，也可以从中发现如何预防和遏制集体腐败。

假设在一个政府部门中，有两位掌握实权的官员（这是为了简化分析，事实上，一个政府部门中的事务通常分别由数位官员掌控），即官员甲和官员乙，他们和大多数公务员一样，每个月拿着 2 个单位的工资薪金。但是因为他们掌握着实权，找他们办事的个人或者企业很多。他们知道，如果接受贿赂的话，平均每个月会有 10 个单位的收益。但是他们也知道，这种事情不可能没人知道，特别是在同一个事务链条上的另外一个官员或多或少都会知道一些。要是另外一个官员不接受贿赂而自己接受了贿赂，那么他就会面临被举报的风险，到时候很可能偷鸡不成反蚀一把米，腐败事实被揭发后不但要退回赃款，还要为此丢掉职位，假设这种情况的支付为-2 个单位。而另外一个官员因为没有接受贿赂而且揭发了受贿者，会被组织奖励，收益为 3 个单位。但是，如果官员甲和官员乙能够合作，也就是串谋起来的话，都接受了贿赂，都不会主动揭发对方，那么此时这两位官员都会获得 10 个单位的收益。该博弈如图 2-4 所示，称为“低薪下的集体腐败”博弈。

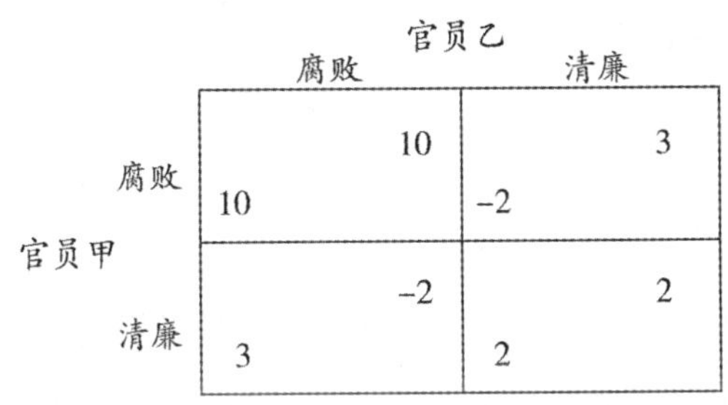

图 2-4　“低薪下的集体腐败”博弈

各位读者，看了图 2-4 所示的博弈矩阵，你觉得两位官员会如何行动呢？如果两位官员都很清廉，都不会接受贿赂，那么每

①所谓“从众式”腐败，是指腐败现象在一个单位或地方有示范效应，对于大小官员而言，彼此心照不宣，纷纷滑入腐败深渊。

个月的收益为2个单位的工资。而如果接受了贿赂的话，情况就不一样了。对官员甲而言，如果官员乙选择了腐败，官员甲也一同腐败的话，各有10个单位的收益，但如果官员甲选择清廉的话，则自己只有3个单位的收益，显然腐败是较优的选择；而如果官员乙选择了清廉的话，官员甲选择腐败会有2个单位的收益，而官员甲选择清廉的话，也有2个单位的收益。对于官员乙，情况与此类似。但是你想过吗？腐败的收益太大，远远大于官员清廉时的收益，所以不少官员会选择铤而走险。而且，如果两位官员合谋一起腐败，两人都会有更高的收益。所以（腐败，腐败）就成为两位官员的最优策略，这样一来，合谋的集体腐败就形成了。

如果上述博弈中的官员们的工资不是2个单位，而是8个单位，那么此时他们会做出什么选择呢？我们重新用图2-5所示“高薪下的集体腐败”博弈来说明一下。此时，由于官员的工资薪金很高，只略低于腐败的收益，那么两位官员还会为了腐败的这点额外收益而冒着被揭发的风险进行腐败吗？当然，不管怎么调高薪金，都不可能让其高到与腐败收益一致，所以还需要对公职人员进行道德教育和职业操守教育。而且，现实中的情况是，职业操守教育和道德教育已经成为防治腐败的一个有效的手段。

想一想

党的十八大以来，党中央一体推进不敢腐、不能腐、不想腐，形成反腐败斗争的强大合力和整体效应。你能从博弈的角度对此给出自己的理解吗？

		官员乙	
		腐败	清廉
官员甲	腐败	10, 10	−2, 3
	清廉	3, −2	8, 8

图2-5　“高薪下的集体腐败”博弈

如果上述博弈中对腐败官员的惩罚不仅仅是丢掉官位和退回赃款，还会处以很严厉的惩罚措施，比如对其进行刑事处罚，让其锒铛入狱、以后也永不录用等，那么此时的支付不是−2个单位，而是−20个单位。这个抉择可以用图2-6来说明。此时，对于两位官员而言，虽然从腐败中可以获得更大的收益，但是被揭发后而失去的收益更大，大到自己难以承受，远远超过了腐败的收益，这种情况下，谁还会愿意从事腐败行为呢？这就说明，一个好的预防腐败的制度措施很关键，会起到较好的防治腐败的作用。邓小平就说过，“没有好的制度，好人也会做坏事；有了好的制度，坏人也难做坏事。”著名思想家卡尔·波普（Karl Popper）也曾经说过，“人们需要的与其说是好的人，还不如说是好的制度。”可见，我们要在制度建设上下点功夫，让腐败者不愿意也不能腐败。

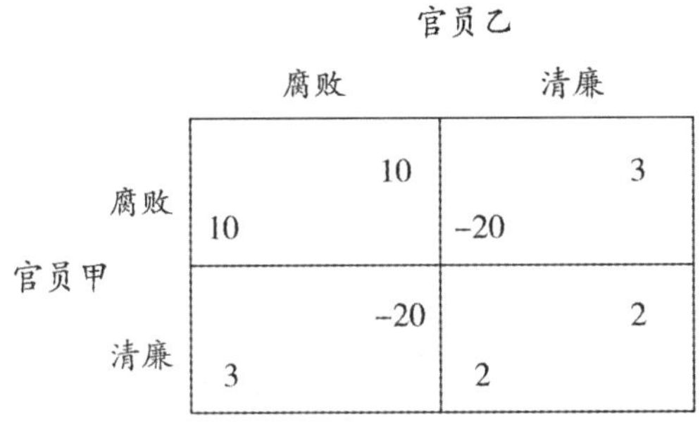

图 2-6　“严厉惩罚的集体腐败”博弈

实际上，我们运用经济学原理分析可知，当某人从事腐败活动的效用超过他把时间及资源用于从事其他活动所能获得的效用时，他就可能从事腐败活动。某些国家之所以腐败泛滥，并不是由于这些国家的国民喜好此道，而是由于在既定的社会经济政治制度下，腐败的私人收益与社会收益之间、私人成本与社会成本之间存在巨大的差距，以致腐败成为一种合乎经济理性的行为。我们不能容忍腐败，我们需要一个清廉的环境，才能健康地发展社会经济。所以，要思考如何才能有效抑制腐败问题的产生。

绩效评估

假设你是一家公司的老板，公司刚开发出一种新产品，为了更快地打开市场，你需要招聘员工对它进行推销，不妨假设需要 20 位从事市场推广的业务员。但是问题也随之而来，作为公司的老板，你该如何决定这一批业务员的个人工作量呢？为了简单起见，不妨设这种产品过去在市场上从来没有销售过，也就是说你根本无法准确估计那些既聪明能干又积极勤奋的业务员每个月到底该卖多少，当然也就无从知晓那些消极怠工的业务员是否真的没做好。

我们把这些业务员抽象成两个，分别是员工甲和员工乙。通常来说，外出跑业务的推销员不能和在办公室上班的员工一样，严格遵守上班打卡的考勤制度，公司或者老板也就无法准确判断这两个员工的实际工作时间的长短。我们假设业务员的基本素质差不多，只有工作时间的长短决定其销售业绩的多少，每月实际工作时间长的员工推销出去的产品会比每月实际工作时间短的员工多，绩效也就高。

假如这个时候企业采用平均主义的分配方法，干多干少都是一个样，那么得到的结果就是企业将被卷入员工工作偷懒的“囚徒困境”中。

因为企业采用了平均主义的分配方法，员工甲和员工乙如果都努力工作，二人因为销售业绩较好，都可以获得 25 个单位的收益；员工甲和员工乙如果都选择偷懒，企业也没办法知道他们的销售业绩到底是好还是坏，因为没有参照标准，还是要付给他们一样的工资待遇，但是员工可以从偷懒中获得额外的报酬，比如兼职工作或者休闲享受等，这样实际上每人都可以从公司获得 20 个单位的收益。而如果员工甲选择努力工作，员工乙选择偷懒的话，员工甲本应因为销售业绩较好而获得较高的回报，但是却获得了平均的收益，因此他心有不甘，毕竟他付出了相应的成本和投入。于是，员工甲会受到一些打击，最终获得了 17 个单位的收益。员工乙则因为得到了比自己实际应得的更多的收益而高兴，并可能产生兼职收益，最终获得了 27 个单位的收益。如果员工乙选择努力工作，员工甲选择偷懒的话，情况正好相反。这样一来，博弈的结果只能是（偷懒，偷懒）。这个博弈的分析矩阵图如图 2-7 所示。

		员工乙	
		努力	偷懒
员工甲	努力	25, 25	17, 27
	偷懒	27, 17	20, 20

图 2-7　员工平均绩效评估的博弈

面对这种情况，企业该怎么办呢？可能的办法——也许是唯一的办法就是根据相对绩效标准来评估每个业务员的表现，也就是将他们的工作业绩进行相互比较，对那些销售量高的业务员给予额外的货币性奖励，当然也可以给予公费旅游等物质和精神奖励。这样一来，就可以用相对的绩效评估标准让这些业务员工陷入积极工作的“囚徒困境”中，工作时间就不是大问题了，毕竟企业还要在每月月底检查业务员的销售成绩，并据此对这些业务员当月的工作状况进行考核。下面对这个博弈说明一下，如图 2-8 所示。

		员工乙	
		努力	偷懒
员工甲	努力	25, 25	35, 15
	偷懒	15, 35	30, 30

图 2-8　员工相对绩效评估的博弈

一般而言，由于公司无法准确考核业务员的实际工作天数，假如公司给出了相同的评价，那么就会促使业务员选择集体偷懒，因为只有每个人都偷懒时，大家的绩效表现才会不相上下，也就是说他们会根据各自的理性选择每月偷懒以减少工作时间，而不会选择勤奋而增加每月工作时间，这就让公司受到了损失。所以，公司设计的考核方案，应该是根据他们的工作业绩进行相互比较。这样的话，假如员工甲每月实际工作时间较少，员工乙实际工作时间较多，员工乙就会因为销售业绩较好而得到优等的评价，获得额外的奖励，累计 35 个单位的收益，还可以积少成多，逐步成为业务精英，获得更大的发展和奖励机会；而员工甲将会受到领导的批评，受到打击而付出一些心理的成本，假设获得 15 个单位的收益，甚至有可能因为多次受批评而被淘汰，毕竟公司不会允许员工偷懒。所以对员工甲和员工乙来说，每月努力工作就将成为他们的最佳选择，只有这样才不会被淘汰出局。

很明显，双方不可能同时达成协议，大家一起偷懒并因此（加上其他方面的潜在收益）从公司获得 30 个单位的收益。即使员工甲告诉员工乙“我自己绝对不会好好干的”，也不会被对方相信，毕竟公司的考核是一对一的横向之间的相互比较。此时，虽然员工们都希望工作轻松，但当公司领导以相对的评估标准来衡量员工工作业绩时，“囚徒困境”的产生就使得某一位员工很难说服别人一起偷懒。而且，作为老板，假如你的员工真的互相串通、集体偷懒，相对标准所形成的“囚徒困境”遭到瓦解，此时，你要激励员工士气就必须采取客观的绩效评估标准，把表现不佳的人毫不留情地淘汰。

可见，企业为促使员工之间互相竞争，有时候会故意在员工之间形成“囚徒困境”，以激励员工努力工作。为了形成这种激励，企业可以采取这一策略：奖励表现最优秀的员工，并淘汰表现未达工作标准的员工。假如员工都接受了这场博弈，那么他们就会兢兢业业地工作。

让我们想一想，企业或者管理部门在年终对员工进行考核时，行政主管是否也会遇到这样的问题？主管都希望高层领导觉得自己在考核时知无不言、言无不尽，但是他们同时也希望被自己的员工下属视为值得追随的好上司。在这种情况下，行政主管既想说实话也想说好话，于是他们在考核时多半会手下留情。为了避免这种行政主管陷入考核评价的“囚徒困境”的情况，企业或者管理部门往往可以只要求行政主管给出每个员工的量化排名，毕竟你不可能对每一个人的评价都一模一样。然后考核小组或者上一级领导通过行政主管所给出的排名掌握每一个员工的大致情况，就可以避免把每一个员工都定在相似层次的水平上。

走出“囚徒困境”

电影《蝙蝠侠之黑暗骑士》（*The Dark Knight*）里面有这样一个场景：小丑已事先在两艘渡轮上放了炸弹，一艘载着民众，另一艘载着囚犯，并告诉两边的乘客，自救的方法就是先用他准备的引爆器，引爆另一艘船只；否则，两艘船都会在午夜时被遥控炸毁。小丑有句台词说：“……不过你们动作要快，另一艘船上的人可能不那么高尚。”随后，船上的乘客都开始吵着要引爆炸弹，说没道理陪另一艘船上的囚犯们一起死，甚至要求以投票的方式来表决……这个场景充分说明了乘客们陷于“囚徒困境”时的心态：双方都不引爆是最好的选择，但是谁也不能保证另一艘船上的人不会引爆炸弹，所以最好的选择是引爆炸弹。当然电影中并没有让这样的事情发生。是什么让这个“囚徒困境”失效了呢？原来啊，由于道德作用，船上有人站出来把引爆器扔到了海里。

这是我们要说的第一点，道德可以解决一些困难。也就是说，这个世界上如果存在一群善良的人，不管站在个人理性的角度看能够获得什么样的物质利益的回报，他们都愿意服从集体理性，也就是说他们都愿意选择合作，那么这个“囚徒困境”就会得到一定程度的化解。即使有些人一开始和善良的人在一起博弈时没有选择友好的方式，没有选择合作，那么他的私心就昭然若揭，如果还存在后续合作的话，这个人就会变得善良一些，因为他会感到不好意思，或者是为了掩盖自己的本性。这样一来，大家都从合作中得到了好处，这是符合集体理性的，也会逐渐影响到那些因为个人理性而不愿意合作的人，他们也许会仿效善良的人的做法，更多地选择合作，得到好处。即便是有些人进行合作纯粹是一种虚伪的欺骗，这种欺骗也是可以换回好处的。

第二点，如果这个博弈过程不是独立的一次，而是反复的，而且没有证据证明在未来进行有限的几次合作之后就会结束，那么这个“囚徒困境”也会改善。在一个要进行很多次的博弈中，任何一方的不合作，都会让对方知道你的作弊行为，这样就会导致合作终止。当然，合作终止的代价是比较大的。是合作重要还是换取暂时的收益重要，你要仔细权衡。也就是说，你要对现在和未来的收益做一番仔细的研判。比如，前面提到的欧佩克组织，如果某个成员方为了暂时的利益，偷偷提高了产量，一旦被发现，就会遭到其他成员方的惩罚或者报复。那样的话，必然得不偿失。所以任何一个成员方都轻易不敢冒天下之大不韪而背弃合作。除非，他能预期到某一次是最后一次合作，那么违背一次合作或许会获得较高的收益。但是，到底哪一次是最后一次呢？谁也不知道，所以，只有合作才是最好的策略。

第三点，那就是制定较严厉的惩罚措施。还记得前面提到的两个犯罪嫌疑人的故事，也就是“囚徒困境”的原型吗？如果双方都加入了一个犯罪组织，而这个组织又有着严密的纪律和相应的惩罚措施的话，当这两个人谁先被放出来，就很容易被这个组织知道谁背叛了组织，成为警方的污点证人，那么他或者与他有关的亲戚朋友就会因此遭到该组织的报复。这样的话，犯罪嫌疑人就会有所顾忌。即便是面对着职业绩效考核这样的问题，如果公司明确规定对于那些偷懒的人将立刻开除，那么结果会是什么样呢？也就是说，如果惩罚的代价远远大于他背叛可能获得的收益的话，参与方就有理由选择合作。

好了，说了这么多，就是要告诉读者，面对“囚徒困境”，我们就是要化解它成为困境的条件，使合作成为可能。

想一想

你能用“囚徒困境”来分析一下课外学科类培训问题吗？目前实施的“双减政策”如何才能真正收到实效呢？

小结

“囚徒困境”是博弈论的非零和博弈中具有代表性的例子，反映了基于个人理性的个体最佳选择并非集体最佳选择。该博弈的结果对参与者个人而言都是最佳的，是符合他们个体理性的选择，但是就整体而言却是一个最差的结果。它是一个现实生活中许多现象的抽象概括，有着广泛而深刻的意义。合作还是背叛？本章将“囚徒困境”博弈充分展开，通过分析涉及很多领域的价格联盟、公地悲剧、军备竞赛、集体腐败、绩效评估等具体问题，挖掘其深层的人性基础和理性信任观，让读者了解了人们在试图合作中可能遇到的诸多困境。对于“囚徒困境”，我们知道，如果参与决策的多方保持合作，各方所得利益的总和便可最大化。但问题就在这里，签订或口头达成合作协议并不是很困难，困难的是这个合作协议达成之后，是否对博弈各方具有很强的约束力。这种情况虽然很难，但是也不是不能实现的，因此，我们才知道该如何行动才能走出这个困境。

基础练习

一、解释“囚徒困境”，并举商业案例说明。

二、以下博弈矩阵图中，哪一个是“囚徒困境”博弈？并简要解释理由。

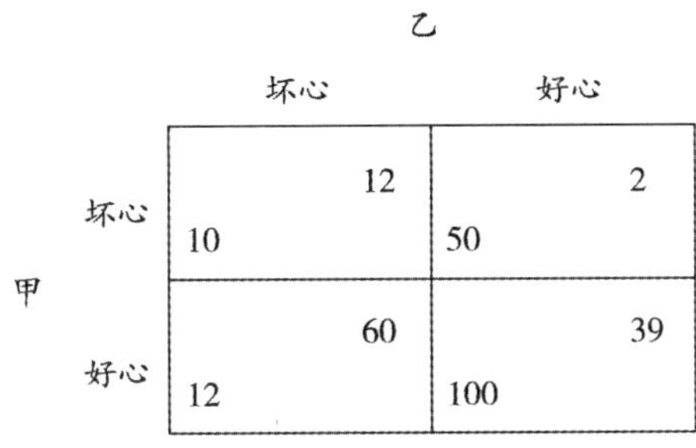

		乙	
		坏心	好心
甲	坏心	12 10	2 50
	好心	60 12	39 100

习题图 2-1

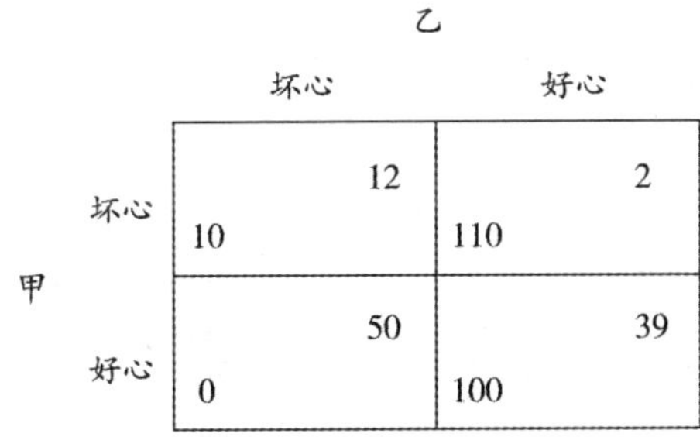

		乙	
		坏心	好心
甲	坏心	12 10	2 110
	好心	50 0	39 100

习题图 2-2

		乙	
		坏心	好心
甲	坏心	20 10	0 30
	好心	30 0	12 11

习题图 2-3

第3章

纳什均衡：对自己的决策不后悔

运动的形式变换总是至少发生在两个物体之间的一个过程，这两个物体中的一个失去一定量的一种质的运动（例如热），另一个就获得相当量的另一种质的运动（机械运动、电、化学分解）。因此，量和质在这里是双方互相适应的。

——弗里德里希·恩格斯（Friedrich Engels）

第 1 章中介绍过，真正意义上的博弈论的研究起始于 1944 年约翰·冯·诺伊曼（John von Neumann）和奥斯卡·摩根斯坦（Oskar Morgenstern）合著的《博弈论和经济行为》，但是改变博弈论历史的却是一个叫约翰·纳什（John Nash）的年轻人。

纳什 21 岁博士毕业，不到 30 岁就已经闻名遐迩。他的一篇关于非合作博弈的博士论文和其他相关文章，确立了他博弈论大师的地位。在这些文章中，他证明了非合作博弈及其均衡解，并证明了均衡解的存在性，这就是著名的纳什均衡（Nash Equilibrium）。纳什均衡这个概念在非合作博弈理论中起着核心的作用，为博弈论广泛应用于经济学、管理学、社会学、政治学、军事科学等领域奠定了坚实的理论基础。

最优策略的下画线法

在第 1 章里，我们介绍了参与者如何通过剔除劣势策略的方法来寻求对自己有利的博弈策略。现在我们利用类似的思路介绍一个下画线法，可以更方便地找出参与者的最优策略。

为了熟悉起见，我们还是先用“囚徒困境”博弈来说明吧。前面说了，这个博弈很简单，用剔除劣势策略的方法，两条虚线一画，结果就出来了。你还记得这个博弈的结果吧？就是双方都选择坦白。现在我们用下画线法来分析一下，如图 3-1 所示。

		李四	
		坦白	抵赖
张三	坦白	-3，-3	0，-5
	抵赖	-5，0	-1，-1

图 3-1　下画线法找最优策略

当张三选择坦白时，对李四而言，他选择坦白将被判入狱 3 年，选择抵赖将被判入狱 5 年，很显然，他宁愿选择坦白被判入狱 3 年，也不愿意选择抵赖被判入狱 5 年，所以我们在张三选择坦白而李四选择坦白的支付-3下画上一条横线，表示这个选择比较好。当张三选择抵赖时，对李四而言，他选择坦白将被无罪释放，选择抵赖将被判入狱1年，毫无疑问，他肯定愿意选择坦白被释放，而不愿意选择抵赖被判入狱1年，所以我们在张三选择抵赖而李四选择坦白的支付0下画一条横线，表示这个选择比较好。

同样的，我们也这样分析张三的选择。当李四选择坦白时，张三如果选择坦白将被判入狱3年，选择抵赖则被判入狱5年，所以在他坦白的支付-3下画一条横线。当李四选择抵赖时，我们经过分析后，同样在张三坦白的支付0下画一条横线。

想一想

用下画线法寻找最优策略，如果同一个单元格中的两个数字之下均画有横线，对两个参与者意味着什么？

这样一来，有四个数字下面被画了横线，而在该博弈的左上角的那一个方框内，两个数字下面都有横线。这就说明，张三和李四同时选择了坦白的策略，也就代表他们的选择形成了一个交集，从而形成了一个策略组合。对二人而言，面对这个结果，都不愿意主动改变当前状况。这个结果是否和原来用剔除劣势策略的方法得到的结果一致呢？方法虽然不同，但是殊途同归，本质上是一致的。

为了一般化，我们举一个有关两个企业打折促销的例子。对企业而言，为了争取更大的市场和利润，经常开展价格攻势，我们前面说了这很可能形成一种“囚徒困境”。假设有两家汽车生产商，不妨设为“极速”和“闪电”，它们的价格博弈的结果可能如图3-2所示。

闪电
打折
不打折
极速
打折
不打折
中等利润
低利润
低利润
高利润
高利润
零利润
低利润
零利润

图3-2　打折是优势策略的博弈

利用上面介绍的下画线法，当“极速”选择打折时，作为回应，“闪电”也会选择打折，以获得中等利润。避免低利润，我们在“极速”选择的策略下画一横线；当“极速”选择不打折时，

“闪电”的策略反应就是选择打折，以获得高利润，避免继续维持低利润，我们在该企业选择的策略下画一横线。同样分析“极速”的情况，就可以得到一个均衡（打折，打折）。可见打折对这两个汽车生产商来说都是优势策略，毕竟打折所获得的利润通常较高，尤其对于需求价格弹性①较大的奢侈品而言更是如此。

这个价格博弈说明，其实老百姓对于此类汽车的需求并不迫切，汽车生产商都不打折时，消费者就不愿意购买汽车。哪个汽车生产商打折，消费者就买谁的产品。两个汽车生产商都打折的话，消费者的购买欲望就可能被激起，从而使两个厂商的利润比都不打折时有所增加。

假如这个博弈的格局变化一下，如图 3-3 所示，情况又会如何呢？

极速 \ 闪电	打折	不打折
打折	低利润（极速）；低利润（闪电）	中等利润（极速）；零利润（闪电）
不打折	零利润（极速）；中等利润（闪电）	高利润（极速）；高利润（闪电）

图 3-3　打折无优势策略的博弈

这个博弈和前面讲过的博弈不太一样，因为经过下画线法的筛选，它可能形成两个策略组合结果，即（打折，打折）和（不打折，不打折），也就是两家汽车生产商要么都打折，要么都不打折。看得出来，对这个博弈而言，用打折来促进销售并没有形成唯一的一个博弈均衡，双方都不打折是一个更好的选择。假如“闪电”采取打折策略，“极速”的最好反应策略也是打折；假如“闪电”不打折，“极速”的最好策略选择也是不打折。当然，如果二者之间只有一方选择打折，只会让不打折的一方受到损害。

这个博弈反映的市场情况说明，消费者其实并不关心这两款汽车的价格是否打折，即使不打折，他们也会购买。对于汽车生

①需求价格弹性，简称价格弹性或需求弹性，是指需求量对价格变动的反应程度，是需求量变化的百分比除以价格变化的百分比。需求量变化率是对商品自身价格变化率反应程度的一种度量。

产商而言，如果可以保持生产量稳定，销售量也保持在一个较好的水平上，不打折降价反而是更好的选择。如果双方不能有效地协调，都选择打折，结果只能是两败俱伤。在这种情况下，开拓并稳定市场的最好办法就不应该是围绕价格问题入手了，而应该考虑诸如售后服务、品牌效应等外部的竞争手段，在改变消费者潜在的非价格收益的同时，也使企业的价值得到体现。

纳什均衡

1949年，21岁的纳什发表了一篇著名的论文《多人博弈的均衡点》，提出了纳什均衡的概念和解法。1950年和1951年纳什的两篇关于非合作博弈论的重要论文，彻底改变了人们对竞争和市场的看法，并且揭示了博弈均衡与经济均衡的内在联系。纳什的这些研究奠定了现代非合作博弈论的基础。

立足于本书的初衷，我们不准备也不愿意介绍关于纳什均衡的数学公式，以不增加读者的阅读负担。简单表述的话，一个纳什均衡对于每一个博弈参与者来说是这样的一个战略组合：给定其他参与者的战略，每一个参与者的这个战略能使其期望效用最大化。也就是说，当博弈的所有参与者在某一选定的战略组合下都没有动机（单方面）偏离各自已选定的战略时，该战略组合就构成一个纳什均衡。

想一想

有一部电影《美丽心灵》，男主角原型就是约翰·纳什，这部电影艺术地再现了他的传奇人生，建议大家看一下。

从以上定义上来看，纳什均衡是指一个不会让参与者后悔的策略选择，不管其他人怎么做，参与各方都对自己的策略感到满意。在这样一个纳什均衡中，你或许不满意其他参与者选择的策略，但是你选择的策略却是回应对手的策略选择中最佳的策略。由于参与各方都是理性经济人，纳什均衡中的各方都绝对不会主动合作，而且会认定自己改变不了对手的行动选择。但是，各方为了自己利益的最大化而选择了某种最优策略，并且与对手达成一种暂时的平衡。

回过头去看看本章再次谈到的“囚徒困境”博弈（图3-1）。在这个博弈中，我们用下画线法可以找到其博弈均衡为（坦白，坦白），这就是一个纳什均衡。假如李四选择坦白，张三的最佳策略就是选择坦白。也就是说，如果李四选择了坦白，张三就会对坦白很满意。同样，假如张三选择了坦白，李四的最佳选择也是坦白，他也对选择坦白这个策略很满意。谁都没有动力改变这个策略组合，因为谁也不相信对方会做出改变（选择抵赖策略）。也就是说，纳什均衡最关键的是它的稳定性，不管其他参与者如何选择，每个博弈参与者都很满意自己的行动，所以没有人想改变自己的策略。

需要说明的是，一般寻找纳什均衡的方法就是下画线法。对于有些博弈，可以很轻松地找到它的一个纳什均衡，如图 3-1 所示的“囚徒困境”博弈；对有些博弈，可以较轻松地找到它的多个（比如两个）纳什均衡，如表 3-3 所示的打折无优势策略的博弈。如果你运用这个方法，还是找不到纳什均衡，那就说明不存在纯策略的纳什均衡。但是请注意，这并不意味着就没有博弈的均衡。我们在第 4 章里会介绍这个问题，请你少安毋躁。

下面再来讲一个例子，使大家加深对纳什均衡的理解。有两家科技型中小企业——“蓝天”和“白云”，它们分别处于所属产业链的上下游，而且实力不等。“蓝天”处在产业上游，现有客户较多；“白云”处在产业下游，现有客户较少。现在有一个新的技术设想，两家企业可以单独进行技术改进，也可以联合进行技术改进，博弈就此展开，如图 3-4 所示。

蓝天 \ 白云	不改进	改进
不改进	4, 2	2, 1
改进	3, 0	10, 6

图 3-4　技术改进的博弈一

在这个博弈中，我们很容易通过下画线法找出两个纳什均衡：要么双方都进行技术改进，即（改进，改进）；要么双方都不进行技术改进，即（不改进，不改进）。

“蓝天”选择不改进，“白云”也选择不改进，就会形成一个纳什均衡。假如“蓝天”选择不改进，那么“白云”的最佳策略就是不改进。换句话说，“蓝天”选择了不改进，“白云”就会对选择不改进这个策略很满意。同样的，假如“白云”选择了不改进，那么“蓝天”对选择不改进的策略也是满意的。除此以外，双方都应该比较满意（改进，改进）这个均衡，而不是（不改进，不改进）这个均衡，但是也不能阻止（不改进，不改进）成为纳什均衡。为什么呢？当双方选择（不改进，不改进）这个策略组合的时候，每个参与者的选择都是对对手做出回应的最佳策略。一方选择不改进的话，另一方的最佳回应就是选择不改进，只有这样才能避免被动。当然，（改进，改进）无疑是最好的纳什均衡，因为选择这个策略组合时，双方都能得到最大的收益，所以都会对自己的策略选择感到满意，而不会后悔。

除此以外的（改进，不改进）或者（不改进，改进）都不是纳什均衡，因为这两个选择都会让双方感到后悔。假如“蓝天”选择了不改进而“白云”选择了改进，那么“白云”看到这个结果后就会后悔自己的选择，因为如果该公司选择不改进，就可以得到更高的收益。此时，“蓝天”看到了“白云”的选择，也会感到后悔，后悔自己选择不改进。

我们再假设，“蓝天”和“白云”两家公司目前所处的环境要求他们都进行技术改进。如果“白云”不进行技术改进，就会因为不符合国家标准而不得不关门停业。如果只有“蓝天”进行技术改进，虽然上游产品得到改善，但是下游产品没有跟着改善，也就意味着“蓝天”的技术改进不会通过“白云”的产品体现出来，不会为其带来相应的或者额外的盈利。这个博弈如图 3-5 所示。

		白云	
		不改进	改进
蓝天	不改进	0（蓝天），0（白云）	2（蓝天），0（白云）
	改进	0（蓝天），0（白云）	10（蓝天），6（白云）

图 3-5　技术改进的博弈二

很显然，这个博弈也不止一个纳什均衡：（改进，改进）或者（不改进，不改进），但是双方获得的支付却大相径庭。

尽管（改进，改进）是一个很明显的纳什均衡，但这也不影响（不改进，不改进）成为一个纳什均衡。如果“蓝天”选择了不改进，那么“白云”选择不改进也不会感到后悔，因为该公司无论选择什么，都不能够获得收益。同样的道理，假如“白云”选择了不改进，那么“蓝天”选择不改进之后也不会感到后悔，因为该公司也没有更好的选择。这个博弈说明：在对手出招的时候，如果你除此以外没有更好的选择，你就不会后悔做出这样的策略选择。在图 3-4 所示的博弈中，如果双方都不进行技术改进，尚且可以进行正常的经营，只是损失了更好的发展机会而已。但是在图 3-5 所示的博弈中，如果双方或者某一方不进行技术改进的话，两家企业都只有死路一条。所以，（改进，改进）是具有优先级的纳什均衡策略，而（不改进，不改进）是次级的纳什均衡策略。很显然，博弈的参与者，也就是这两家企业应该想办法从次级的纳什均衡策略（不改进，不改进）转到优先级的纳什均衡策略（改进，改进）上来。怎么实现呢？其实应该很容易，只要两家企业没有矛盾，可以坐下来谈一谈达成合作协议，即使有矛盾，应该也没有必要和发展大计过不去吧。

下面介绍一个关于商业合作模式选择的博弈，有两个商业伙伴——甲企业和乙企业，他们各有所长，为了实现优势互补，想通过商业合作实现共赢。他们分别有三种模式可选择，具体如图 3-6 所示。

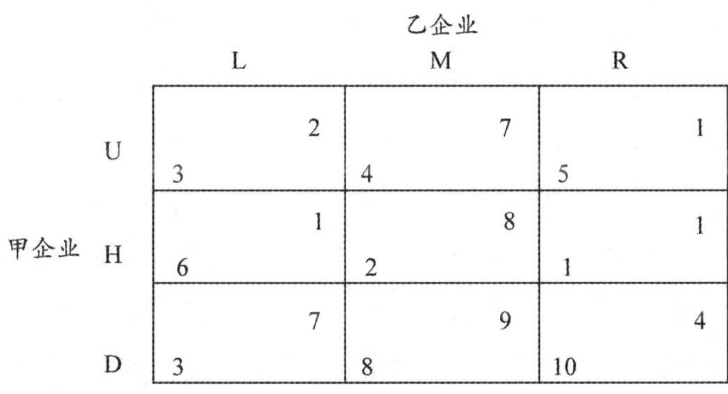

甲企业 \ 乙企业	L	M	R
U	3, 2	4, 7	5, 1
H	6, 1	2, 8	1, 1
D	3, 7	8, 9	10, 4

图 3-6　商业合作模式选择的博弈

想一想

你能用下画线方法对此博弈矩阵进行分析吗？

读者朋友们可以试着分析上面这个博弈有没有纳什均衡。如果有的话，其纳什均衡是什么呢？

加薪博弈

我们都知道，在现代企事业单位及其他组织中，对员工的薪酬支付的数额以及薪酬的公平性会涉及组织内部上下级关系、群体氛围、团队凝聚力、组织绩效以及组织可持续发展等问题，会直接或间接地影响员工的行为、对组织的满意度，从而影响着员工的工作责任心，最终影响整个组织的绩效。基于此，公司为了在人才竞争中保持优势，总会把薪资保持在较有竞争力的水平上。很多公司都会通过专业的薪酬顾问公司获取最新的市场资料，作为调整薪酬的依据。

事实上，站在企业的角度，总会希望人工成本下降，这对企业来讲是好事，但是站在员工的立场上，他们总希望工资多多益善。这永远是一对矛盾的统一体。而且，无论从国内还是国际调查来说，不管是年薪千万的职业经理人还是普通的职员，薪酬满意度都不高。因此，确定一个让全体员工和老板都非常满意的工资上涨方案是很困难的。不管从哪个方面来看，员工要想说服老板加薪，不仅需要实力过硬，而且越来越变成一个技术活儿了。下面我们用博弈的思路来看一些具体的案例。

假设你和同事都在公司工作很久了，但是一直都没有享受到加薪的待遇，所以决定向老板提出加薪的要求。但是你考虑了公司的具体实际，可能有两种情况。一种情况是，公司现在发展比较好，以后的发展前景也不错，老板不愿意同时失去你们两个员工，所以只要你和同事两个人同时提出加薪要求，老板就会同意，但是如果只有一个人要求加薪，却可能会被辞退，因为老板可能认为你不顾大局。另一种情况是，公司目前发展还可以，但是今后的发展前景不是很理想，老板可能只会同意一个人的加薪要求，如果两个人同时提出加薪要求，估计都要被辞退。这种情况下你该怎么办呢？

我们先来看第一种情况。因为公司目前发展良好，现有的一些业务的开展需要你们两个人共同完成，在老板的眼里，公司如果失去你们之中的一个，还能维持业务的运作，但是不能同时失去两个人，否则业务就无法开展了。这种情况下，如果你和同事同时提出加薪要求，老板可能会勉为其难地接受，因为如果不同意的话，你们两个人可能都要辞职，这显然不利于公司的业务运作。当然，如果你们两个人都不提出加薪的要求，那么还会和原来一样，业务照常开展，工资薪酬还是原来的标准，没有什么影响。但是如果你们两个人之中只有一个人提出加薪要求，老板就不会同意给这个人加薪，而且会把他辞退。因为老板会这样想："你们两个人一样优秀，而且做的工作都差不多，为什么只有你提出加薪要求呢？你看你的同事多踏实肯干啊，埋头干活，根本不像你似的还提出要加薪。你这是带头破坏公司的薪酬体系嘛！"所以，因为担心你起到坏的带头作用，老板决定辞退你。这个博弈如图 3-7 所示。

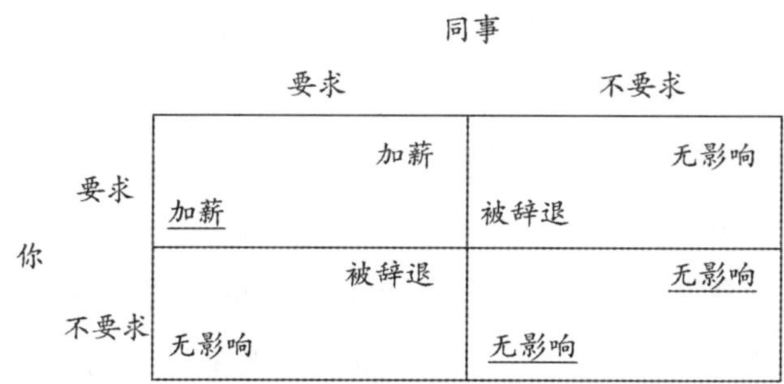

图 3-7　加薪博弈一

在这个博弈中，"加薪"要比"无影响"优，"无影响"要比"被辞退"优，所以我们通过下画线法，很容易知道（要求，要求）和（不要求，不要求）是其两个纳什均衡。值得说明的是，尽管（要求，要求）是一个很明显的纳什均衡，但这也不影响（不要求，不要求）成为一个纳什均衡。

如果你选择了要求加薪，那么你的同事选择要求加薪的策略就是最优的，他不会为此感到后悔，因为被"加薪"总比"无影响"要好。如果你选择了要求加薪之后，看到你的同事选择的也是要求加薪的策略，那么，你也不会为此感到后悔，因为被"加薪"总比"被辞退"要好。同样的道理，如果你选择了不要求加薪，那么你的同事选择不要求加薪的策略就是最优的，他不会为此感到后悔，因为“无影响”总比“被辞退”要好。此时，看到你的同事选择了不要求加薪的策略之后，你也不会后悔，因为对你来说，“无影响”总比“被辞退”好得多。

所以这两个策略组合都是相对稳定的，都是该博弈的纳什均衡。但是为了获得更好的结果，你可以想办法与同事进行交流以便达成信任，一起要求加薪，这样的结果肯定比其他结果要好得多。如果只有你一个人要求加薪，虽然结果如愿以偿，但是也不见得会开心快乐，因为你的同事被辞退了，原本由你和他两个人干的活，现在一部分工作肯定会转移到你的头上。也就是说，你的加薪或许就是以工作量增加、任务加重、压力加大为代价的。

下面再来看一下第二种情况。公司现在的发展虽然还可以，但是未来发展前景不容乐观，所以老板暂时没有对你和同事加薪的想法。如果你和同事之中只有一个人提出加薪的要求，老板为了维护这个人的工作积极性，虽然不是很乐意，尽管今后的业务发展不乐观，但是当前业务的维持还要靠你们，所以会为提出要求的这个员工加薪，当然不会对那个没有提出来的员工加薪。但是假如，你和同事两个人一起提出加薪要求，那么老板就会感到压力太大。因为这就意味着他要承担更高的运营成本，而由你们俩运营的业务还前途未卜。所以，老板考虑再三，为了缩减成本，也为了给其他员工提一个醒，只有选择同时辞退你们俩。这个博弈如图 3-8 所示。

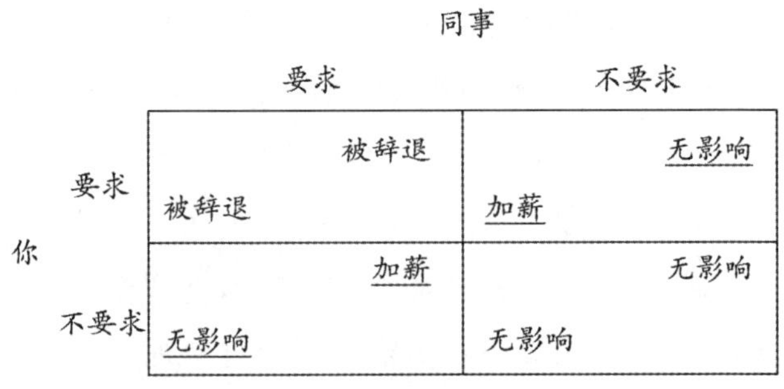

图 3-8　加薪博弈二

在这个博弈中，我们也可以找到两个纳什均衡（要求，不要求）和（不要求，要求）。这里的（不要求，不要求）就不能成为一个纳什均衡。新的两个纳什均衡说明，你和同事只能有一个人提出加薪的要求，结果就是提出加薪要求的那一个员工被辞退，不提出加薪要求的员工不受影响。

如果你选择提出加薪的要求，那么你的同事选择不要求加薪的策略就是最优的，他不会为此感到后悔，因为“无影响”总比“被辞退”（如果他选择了要求加薪的话）要好。此时，如果你看到同事选择的是不要求加薪的策略，那么，你也会为此感到满意，因为“加薪”正是你所期望的结果。同样的道理，如果你选择了不要求加薪，那么你的同事选择要求加薪的策略就是最优的，他会为此感到十分满意，因为“加薪”也是他所期望的结果。当然，你在看到同事选择了要求加薪的策略之后，你也不会后悔，因为提出要求或者不提出要求所获得的结果都是一样的，都对你目前的状况无影响。

这也就说明，（要求，不要求）和（不要求，要求）这两个策略组合作为该博弈的纳什均衡也都是稳定的。但是你必须明白，这个均衡是你和同事只能有一方先行动才可以，而一起选择要求加薪的行动只会带来最坏的结果——都被辞退。从这个博弈结果的稳定性来看，谁想加薪，谁就应该先迈出第一步。这时就需要记住：先行者具有明显的优势。

想一想

如何理解“先行者具有明显的优势”呢？现实中你接触过相关的例子吗？

谈了这么多，我想大家都清楚了：加薪是一场博弈。作为员工，你如果想找老板去谈加薪，那就必须讲究天时、地利与人和。所谓天时，就是你一定要了解自己所在单位的实际情况，已经取得的成绩和未来的发展前景，千万不要在不适当的时机提出加薪的要求；所谓地利，就是在提出加薪的要求之前，先分析自己是否已经做出可以加薪的成绩，是否具备了加薪的绩效条件；所谓人和，就是说一定要学会揣摩领导的心理和处事风格，看他对待加薪的态度，对员工主动提出加薪要求的看法，还要看你周围的同事是否同样有加薪的想法，甚至包括选择什么样的场合提出加薪要求，等等。

但是不管怎样，只要你加了薪，就要承担更多的责任，自然也就要创造更多的价值。这里顺便提一句，在加薪理由的选择上，一般没有固定的参考标准。但是要记住，不管何时何地，都不要使用出于相互比较或纯粹个人目的的加薪理由，如“我的朋友在某某公司做类似的工作，每个月的工资奖金都比我多”“我听说我们公司的某某薪水比我多，但是他却没我干的活多”“我刚刚买了一套房子，现在房贷压力又大了，真的需要加薪来支持月供”，等等。这些都可能是职业顾问眼里“最糟糕的理由”，因为这会让老板非常反感，而且可以非常容易地反驳你或者理直气壮地回绝你。

既然加薪是一场博弈，那么你就要学会从中找出最佳的策略，如果你现在正好有这样的想法，不妨结合以上所讲的内容好好想一下吧。

不正当竞争博弈

谈到不正当竞争，在不同的领域有不同的理解。在社会学领域中，比如职场上的不正当竞争，往往就是利用非正常的手段（比如贿赂上级、讨好上司、毁谤同事等），让自己获得更多的机会，损害他人的利益，压缩他人的职场生存空间，从而为自己谋利的行为。在商业领域，所谓不正当竞争，就是指经营者违反《反不正当竞争法》的规定，损害其他经营者的合法权益，扰乱社会经济秩序的行为。本节就来列举出一些实际案例说明一下有关不正当竞争的博弈与决策问题。

在明代宋濂所著的《燕书》中记录了这样一个故事。有两位寒门学子玉戴生和三乌丛臣是同窗好友，玉戴生说：“我们俩应该洁身自好，如果以后遇到好的机会，能在朝廷中做官，我们也绝不能趋炎附势而玷污了我们高尚纯洁的品性。”二人年轻气盛，一拍即合，并且郑重地歃血立誓：“我们发誓，今后绝不会因为贪图私利、趋炎附势而改变我们的德行。如果违背誓言，甘愿遭受神灵的惩罚。”后来，他们一同到晋国去谋求职位，玉戴生在路上又重申发过的誓言，三乌丛臣说：“我们曾经发过的誓言还如在耳边，怎么能轻易忘掉呢！”当时晋国国君有一个宠臣叫赵宣子，很多人为了功名利禄而争相去拜访他，希望能得到他的赏识而受到重用。此时的三乌丛臣开始对发过的誓言感到后悔了，他也很想结识赵宣子，但是又怕玉戭生知道了让自己难堪，几番犹豫之后，他决定尽早去拜访赵宣子。为了避人耳目，当鸡刚叫头遍，三乌丛臣就整理好衣冠，匆匆忙忙赶去赵府。他进门之后却看见已经有个人已经端端正正地坐在正屋前边的长廊里等候了，他走上前去举灯一照，原来正是玉戭生。两人相对而愧，甚是尴尬，赶紧告退了。

这样的故事在古代如此，在现代也并不鲜见。如果讨好上司可以获得升迁的机会，那么其他人也会面对这样的局面。我们把这个例子改变成博弈对局，假设两个人要竞争同一个职位，每个人都有两个策略，就是讨好上司和不讨好上司。这个博弈的结果如图 3-9 所示。

		三乌丛臣	
		讨好	不讨好
玉戭生	讨好	升职或落选 升职或落选	落选 升职
	不讨好	升职 落选	升职或落选 升职或落选

图 3-9　不正当职位竞争的博弈

这个博弈中的一个可能的策略结果“升职或落选”指的是，可能升职，也可能落选。这是一个具有不确定性的结果。相对于“升职”这个结果而言，“升职或落选”自然处于劣势。相对于“落选”这个结果而言，“升职或落选”又处于优势。我们通过分析，可以得到上述博弈的一个纳什均衡（讨好，讨好）。也就是说，玉戭生和三乌丛臣的最佳策略就是都去讨好赵宣子。

对于玉戭生而言，如果他选择了讨好的策略，三乌丛臣也只有选择讨好，对于这个结果他不会后悔，因为如果不去讨好赵宣子，他肯定会落选，这显然不如去讨好之后的升职或落选的结果。如果玉戭生事后知道三乌丛臣也选择了讨好，他自然也不会后悔。对于两人选择不讨好的策略做一个分析，结果也是一样的。这个博弈结果是稳定的，是双方都满意、都不会后悔的策略，是一个纳什均衡。

原来的故事讲的是，二人相对而愧，甚是尴尬，赶紧告退了。

这里，我们假设他们都没有发现对方去讨好了赵宣子，各自采取了讨好的行动，从而得到了一个模棱两可的结果（升职或落选，升职或落选）。这个结果虽然含混不清，但其实是有意义的，关键在于谁讨好得更到位。如果玉戴生讨好得比三乌丛臣更到位，比如话说得更阿谀奉承、贿赂送得更多，等等，那么玉戴生就可能获得这个职位，而三乌丛臣就会落选。反之，如果三乌丛臣比玉戴生讨好得更到位，则三乌丛臣就可能获得这个职位，而玉戴生就会落选。也就是说，这两个人要想获得这个职位，就应该相互之间暗暗较量，相互攀比谁更会讨好、谁讨好得更到位。

那么，这种讨好到什么程度为上限呢？总不能为了这个职位什么都不顾了吧。如果你觉得不好理解，可以将其设想为一种行贿。为了获得这个职位，他们要去行贿，但是两个人都行贿的策略却使得结果出现了不确定性，那要贿赂多少才合适呢？一般而言，他们为了获得这个职位而甘愿去行贿，那就说明这个职位有利可图。他们如果获得这个职位，就可以从中谋利，或正当的或不正当的，只要为了行贿而支付的数额不大于获得职位之后可能的收益，博弈就会发生，直到接近这个职位可能带来的收益。换句话说，行贿的金额，相当于为了得到这个职位，参与者向管理当局缴纳的“入门费”，也成为贪污腐败者的“启动资金”。

另外，各位可能会问，如果玉戴生和三乌丛臣都不去讨好赵宣子，二人的策略也是（升职或落选，升职或落选），这和二人都去讨好赵宣子的结果一样，那为什么还去讨好赵宣子呢？其实问题就出在这里。如果二人都不去讨好赵宣子，二人只是有可能升职，但是这个可能性很小，概率更倾向于落选。因为已经有很多人都去讨好赵宣子了，来自外部的竞争太多，压力太大。所以采取不去讨好的策略对二人是不利的。讨好了还有机会，不去讨好就基本上没有机会，尽管理论上存在着机会。

基于这样的分析，我们就应该清楚了，现实生活中，为了竞争一个职位，一些参与者（候选人）展开了不正当竞争，这样就会形成一种不正当竞争的怪圈。出现一些裙带关系、贪污腐败也就不足为奇了。那么我们该怎样做才能遏止这种现象呢？试想一下，如果在这个职位上获得的可能收益不大，他们还会进行不正当竞争吗？如果这些职位赋予的权力没有那么大而掌控的资源又不足以获得很大的个人利益，如果监督考核制度很完备，使人无法滥用职权谋取私利，那么这些想要谋取个人利益的参与者还会行贿吗？

上面谈了一个关于职场晋升的不正当竞争博弈，下面再看一个关于商业不正竞争的博弈，是一个关于商业贿赂的例子。什么是商业贿赂？狭义上讲，商业贿赂是指经营者为了增加其经销的产品或者服务的销售额，通过向交易相对人及其职员或者代理人提供财物、许诺或其他利益等方式，达到排挤和压制竞争对手、建立市场优势、扩大自己所经销产品的市场份额的目的，实现特定经济利益目标的行为和过程。广义上讲，商业贿赂就是指作为法人或自然人的市场主体通过向相对人暗中给付财物、利益许诺及其他直接或者间接利益诱惑等手段，获取商业利益的行为或过程。

假设有两家生产相似产品的企业——“诺维”与“延拓”，他们同时收到了另外一家机构的采购招标通知。如果能够与这家机构达成合作的话，就可以获得稳定的收益，而且也打开了这个地区的市场。所以，投标并中标就成为事关企业发展的重要工作了。

在这里我们假设，如果两家企业都去贿赂了该机构的有关负责人，而该负责人为了避免收了贿赂不办事遭到报复，就会让这两家企业同时中标。但是同时中标并不意味着平等地获得该项标的采购的份额，而是要根据贿赂的数额多少进行分配。如果两家企业都不去行贿的话，就都可能中标或落标，只能看实力强弱了。这个博弈如图 3-10 所示。

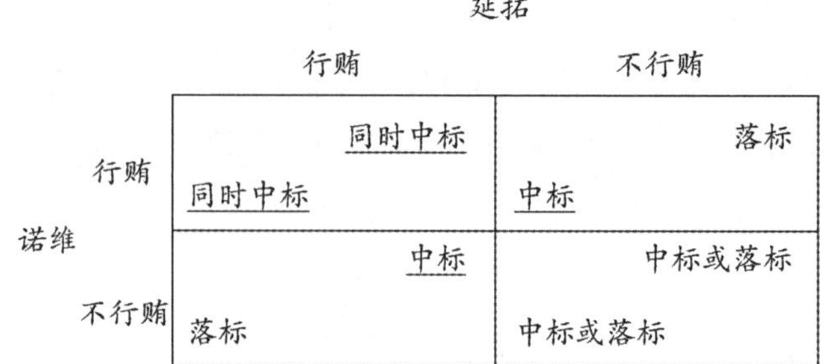

图 3-10 商业贿赂的博弈

在这个博弈中，（行贿，行贿）就成为一个纳什均衡，其博弈结果是（同时中标，同时中标）。这也是一个稳定的均衡，因为双方都会对自己的策略选择感到满意。这个博弈的分析过程或者说形成过程，就和图 3-9 所示的不正当职位竞争的博弈是一样的。

值得注意的是，无论是在官场的不正当竞争博弈中，还是在这个商业贿赂的博弈中，我们都是假设没有监管主体的存在，事实上，这是不科学的，也是不符合现实的。实际的情况是：首先，行贿主体通过行贿以取得销售产品或提供服务的机会并因此取得净利润，或者取得与交易对象长期合作的机会；其次，行贿主体也要付出一定的行贿成本，主要包括必需的经济成本、机会成本以及一些无形成本（比如业内的商业信誉受损）等；第三，行贿主体还要面对可能受到监管机构查处的风险，这就会引来牢狱之灾，这当然也是一种成本和损失。而且，监管机构进行查处是随机的，也就是概率问题，后面第 4 章会谈及这一点。这里先抛出一个模型，如图 3-11 所示。

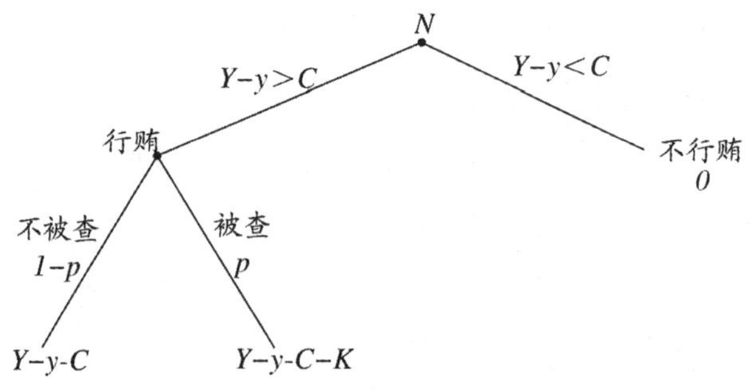

图 3-11 商业行贿主体行为决策博弈树

在这个博弈树中，我们只考虑了一家行贿主体的情况，权当抛砖引玉，让读者先有一个大致的了解。假设商业贿赂行为主体的交易标的物的市场价格为 Y，行贿主体为受贿主体提供行贿成本 C 后，能以 y 的价格取得该标的物。通常情况下，监管机构是以一定概率 p 来检查。如果商业贿赂行为被监管机构查处，行贿者就会受到惩罚 K，那么行贿者的得益是 $Y-y-C-K$；如果没有被查处，则行贿者得益为 $Y-y-C$。在这里，行贿主体是否要行贿，行贿的概率有多大，就要取决于对这个博弈可能结果的分析，也就是看行贿主体取得的可能的收益是否大于零，只有大于零，才有利可图，才有可能去行贿，否则就不会行贿了。而如果行贿成本较低，商业贿赂被查处的概率较小，惩罚力度也较小的话，商业贿赂的行为就不会停止。

当然，商业贿赂中的受贿主体也是处于经济社会中的理性人，当他预计受贿的收益高于其受贿的成本时，就可能经受不住商业贿赂的诱惑，而选择受贿。有兴趣的读者，可以先参考上面的博弈树自己建立一个分析模型，尝试着分析一下商业贿赂的受贿主体的成本收益结构，以便找出对于商业贿赂可能的有效治理路径。

从我国近几年的实践来看，商业贿赂行为在某些行业，例如医药、工程建设、产权交易等时有发生，破坏了市场竞争的公平性，扰乱了市场秩序。而且，贿赂的方式也在不断变化，如招待旅游、为子女亲属安排工作等，我们说只要是能使受贿主体主观感受程度提高的贿赂方式，都会提高其效用水平，都属于商业贿赂的范围。特别是当受贿主体有能力创租①并且能够滥用手中权力时，他就会倾向于利用手中权力设租，从而引诱行贿主体进行行贿。因此，受贿主体手中权力越大，越有可能发生贿赂。但是我们也应该认识到，对决策者的权力约束也是相对的，既要保证能将权力用得恰到好处，为经济社会发展做出贡献，又要保证不被滥用，这也是一个博弈，是一个授权当局和权力执行者之间的博弈。如何处理好这些行为主体之间的关系，始终是一个难题，在本书后面的一些章节中还会谈到此类问题的解决之策。

---

①这里的“租”，就是指经济学中的“租金”。当掌握资源配置权力的主体运用手中的权力对企业和个人的经济活动进行干预和管制，妨碍了市场竞争的作用，从而创造了少数有特权者取得超额收入的机会的时候，这就形成了寻租。而寻租得到的“超额收入的机会”就是“租金”。至于有的学者认为寻租是为了争夺人为的财富转移而浪费资源的活动，而有的学者认为寻租是为了取得许可证和配额以获得额外收益而进行的疏通活动，我们不在这里多讲，有兴趣的读者可以参考有关的书籍和资料。

纳什均衡的存在性

内容讲到这儿，我们要再介绍一个新的词汇了。不论是第1章讲过的“囚徒困境”博弈、“华乐”和“颐晨”的博弈，还是本章讲到的打折博弈、技术改进博弈等，其中的参与人都有一个或多个明确的具体的策略选择，比如可以很明确地选择坦白，或者很明确地选择打折，这些很明确的策略选择，就称为“纯策略”(pure strategy)。换句话说，如果在每个给定信息下，只能选择一种特定策略，而且参与者选择了这个策略之后就不会单方面改变自己的策略，这个策略就是纯策略。

既然有了纯策略，那么如果对手选择了一个策略之后，你有一个相应的策略可以与他的选择形成一个组合，这就形成了一个纯策略均衡，比如（坦白，坦白）（U，M）（打折，打折）（改进、不改进）等。前文说了，这些均衡的组合就是纳什均衡，而这些形成纳什均衡的纯策略组合，就是一个纯策略纳什均衡，是指在一个纯策略组合中，如果给定的其他策略不变，在该策略组合下参与者不会单方面改变自己的策略，否则会导致策略组合令人后悔或者不满意。基于此，在图3-8所示的加薪博弈二中，(要求，不要求）和（不要求，要求）就是一个纯策略的纳什均衡，在图3-9所示的不正当职位竞争的博弈中，（讨好，讨好）也是一个纯策略纳什均衡。所以，纯策略纳什均衡可能是一个策略组合，如“囚徒困境”博弈中的（坦白，坦白)，也可以是多个策略组合，如图3-4所示的技术改进的博弈一中的（改进，改进）和（不改进，不改进)。这些策略组合都是很明确的。

如果给定其他对手选择了某个策略之后，自己没有相应的策略可以选择，或者说相应的策略并不是自己愿意选的，那么这个博弈就没有纯策略纳什均衡。这里举一个例子，作为一个国际金融机构，国际货币基金组织（International Monetary Fund，IMF）的职责之一就是对成员方进行金融援助，假如有一个成员方发生了困难，需要IMF出手相助，但IMF不能保证这笔救助资金投入后可以帮助成员方改善其现状，其中便形成了一个博弈，如图 3-12 所示。

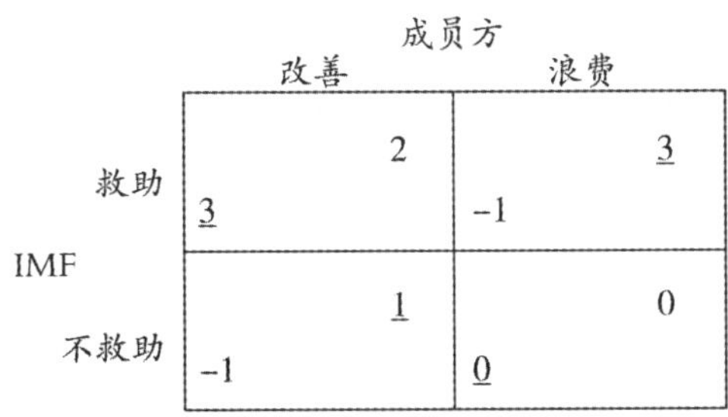

图 3-12　IMF 救助博弈

在这个博弈中，通过下画线法，我们发现，IMF 和成员方之间的策略选择没有交集，不能形成一个稳定的策略组合。如果 IMF 选择了救助，成员方就不会去切实改善状况，因为该成员方选择浪费这笔资金会更有利，也就是说该成员方一旦选择了改善的策略，就会后悔。此时，如果 IMF 看到成员方选择的策略是浪费的话，IMF 也会后悔，因为这是一个令该组织不满意的方案。如果 IMF 选择了不救助的策略，成员方就只有选择自力更生，切实改善状况，因为只有这样，该成员方才会获得最好的结果，也就是说该成员方如果选择了浪费的策略，也会后悔。其他的策略选择也是一样的，这里就不再分析了。所以，这个博弈根本不能形成一个稳定的纯策略的均衡。

那么，是否这类博弈就没有均衡了呢？接着前面“纳什均衡”一节的内容继续讲一下，纳什在 20 世纪 50 年代初就证明了纳什均衡的存在性定理，为非合作博弈打下了重要基础。纳什的工作还为其后的博弈论研究提供了一整套方法论工具，即运用不动点定理这一强有力的数学工具进行博弈论数学分析，这对后来的博弈论甚至数理经济学的发展产生了很大的影响。为了不增加大家的阅读负担，这里就不再讲解不动点的概念和不动点定理的证明了，也不再给出纳什均衡存在性的证明，尽管理解存在性定理的证明过程有助于我们更好地理解纳什均衡，证明纳什均衡的存在性也有助于我们理解博弈均衡。我们直接给出这个结论。

纳什定理或者叫作纳什均衡的存在性定理，是这样表述的：在任何一个有 n 个博弈方存在的有限博弈中，都至少存在一个纳什均衡。

这下问题似乎变得复杂了，比如图3-12所示的IMF救助博弈，我们明明在分析之后没有发现纯策略的纳什定理存在，那为什么纳什定理却认为至少存在一个纳什均衡呢？这是因为我们到目前为止还没有正式介绍过博弈论中的另外一个新的词汇——混合策略纳什均衡（Mixed Strategy Nash Equilibrium）。虽然前面介绍的博弈不存在纯策略纳什均衡，但是却存在混合策略纳什均衡。经过纳什在1950年的证明，一般来说，纯策略纳什均衡并不保证必然存在，但混合策略纳什均衡却总是存在的。

所以，对于前述图3-12所示的IMF救助博弈，其实并不是没有纳什均衡，只是没有纯策略纳什均衡，但是它存在一个混合策略纳什均衡。实际上，纳什均衡包括纯策略纳什均衡和混合策略纳什均衡，而且混合策略纳什均衡是普遍存在的，纯策略纳什均衡只是混合策略纳什均衡的一种特例，相当于参与者在混合策略之中百分之百地选择了某一种具体的策略而已。关于这个问题，将在第4章中做详细分析。

另外，我们要说明的是，博弈论里还有一个奇数定理：几乎所有有限博弈都有有限奇数个纳什均衡。比如，前面介绍的“囚徒困境”博弈已经有一个纯策略纳什均衡（坦白，坦白），那么根据奇数定理，在这个博弈中就不会再存在混合策略纳什均衡了，因为如果存在混合纳什均衡解的话，这个博弈的纳什均衡就有两个，不符合奇数定理。再比如，在图3-4所示的技术改进的博弈一中，（改进，改进）和（不改进，不改进）两组策略都是纳什均衡，这时就要考虑混合策略纳什均衡了。至于如何分析，请先不要着急，我们还是等到第4章再做详细解释吧。

其实，真正令我们甚至博弈论专家感到棘手的并不是一个博弈是否存在均衡，而是一个博弈可能存在多个均衡。事实上，很多博弈都存在多个纳什均衡（包括纯策略纳什均衡和混合策略纳什均衡），有些博弈甚至有无穷多个纳什均衡。这样就增大了决策的难度。因为，当一个博弈有多个纳什均衡存在时，要让所有参与者都能预测同一个纳什均衡的出现，并同时采取这个纳什均衡对应的行动，是非常困难的。即使大家都预测到了纳什均衡的存在，但是如果预测的不是同一个纳什均衡的话，实际上出现的博弈结果就不会是纳什均衡，而是非纳什均衡。在这里，我们只能说，纳什均衡是博弈参与者的一致预期，任何非纳什均衡都不可能是他们的一致预期。一般而言，如果一个参与者选择的空间越大，他的处境或许越糟糕。所以，对于那些有多个纳什均衡存在的博弈而言，我们无法肯定地证明这个博弈均衡一定会出现。博弈决策中真正的难题就在这里。

小结

本章向大家介绍了一种如何让自己不后悔的博弈策略选择方式和策略结果，这个策略就是纳什均衡策略组合。所谓纳什均衡，就是在对手所采取的策略下，博弈的各方对于自己有利的行动策略都不会感到后悔的策略。你或许不满意其他参与者选择的策略，但是你选择的策略却是回应对手的策略选择的最佳策略。这是一个很实用的博弈分析工具，因为它指出了博弈的结果在何时会稳定下来，而且没有人想改变或者主动改变自己的策略选择。对博弈的参与者而言，博弈所得的结果的好坏不仅取决于自身的策略选择，同时也取决于对手的策略选择。所以，如果你的博弈策略选择不能和对手的策略形成一个稳定的策略组合，那么这个博弈结果就不会维持下去。从这一点上来讲，我们可以用纳什均衡来预测参与博弈的可能结果，可以用它帮助我们做出一些有益的决策，不管是在商场中的战略决策，还是社会交往中的一些决定，抑或是国际政治上的谋篇布局，等等。当然，你也要记住，纳什均衡不一定是一个，也可能是多个同时存在。而且，即使没有出现纯策略纳什均衡的博弈，也会存在一种混合策略的纳什均衡。

基础练习

一、通过优势策略下画线法找出以下博弈的所有纳什均衡。

要求：（1）画出相应优势策略的下画线；

（2）给出最优的博弈结果。

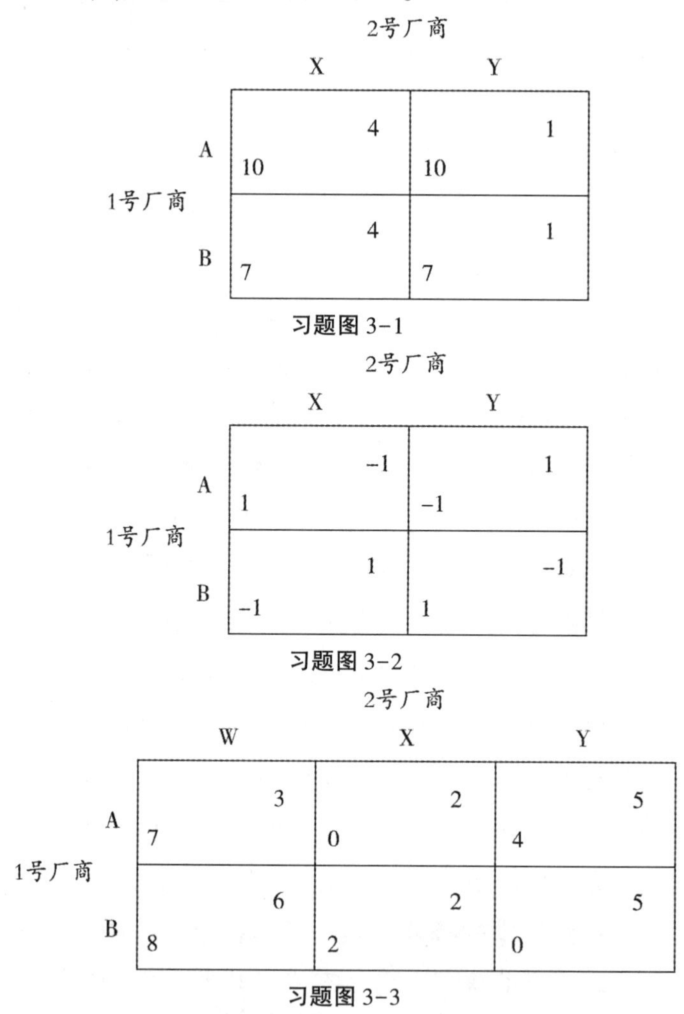

1号厂商 \ 2号厂商	X	Y
A	10, 4	10, 1
B	7, 4	7, 1

习题图 3-1

1号厂商 \ 2号厂商	X	Y
A	1, −1	−1, 1
B	−1, 1	1, −1

习题图 3-2

1号厂商 \ 2号厂商	W	X	Y
A	7, 3	0, 2	4, 5
B	8, 6	2, 2	0, 5

习题图 3-3

二、博弈分析

假设你所在的公司现在的发展虽然还不错，但是未来发展前景不容乐观，所以老板只能对一个员工加薪。如果你和同事之中只有一个人提出加薪要求，老板会考虑为提出要求的员工加薪，而不会对没有提出要求的员工加薪。但是假如你和同事两个人一起提出加薪要求，那么老板就只能选择同时辞退你们俩。

请给出这个博弈的矩阵分析图，并解释你的最优策略。

第 *4* 章

混合策略：随机出招的决策

一切过程中矛盾着的各方面，本来是互相排斥、互相斗争、互相对立的。世界上一切事物的过程里和人们的思想里，都包含着这样带矛盾性的方面，无一例外。

——毛泽东

不知道从何时开始，世界上忽然有了一批“石头、剪刀、布”迷，他们于1842年在英国伦敦成立了“世界石头、剪刀、布协会”，并在1995年开设了协会的网站www. worldrps. com。协会的会长道格拉斯·沃克和葛莱汉·沃克兄弟专门写了一本《官方指南：石头、剪刀、布的策略》。在2005年，还有一部有关2003年多伦多“石头、剪刀、布世界冠军赛”的纪录片公开放映。

“石头、剪刀、布”这个游戏包含了太多心理因素，数学学得好未必可以赢，如果只是一般玩耍，在这一过程中不会学到什么，但如果拿来比赛，就可以学习如何揣摩别人的心理、分析反应等方面的能力。单次的输赢可能主要靠运气，但是多次比赛的话，赢家一定是个心理博弈的高手。我们就从“石头、剪刀、布”入手，开始本章的内容，将其背后的博弈内涵向大家说透彻，以便能够增强我们决策的效用。

石头、剪刀、布

“石头、剪刀、布”是一种简单的猜拳游戏。这个游戏最早起源于中国（目前西方尚无明确的历史记载），后来被传到日本、朝鲜等地，并伴随着亚欧贸易的不断发展而被传到了欧洲，到了近现代逐渐风靡全世界。“石头、剪刀、布”游戏有两个玩家，规则非常简单，几乎全世界的孩子都会玩。“布”包“石头”，“石头”砸“剪刀”，“剪刀”剪“布”。譬如，当一方出“石头”而另一方出“布”时，后者就赢了前者。如果双方都选择相同的行动，则为平局。我想大多数人一分钟就能学会，但要学精通，可能需要一辈子。

根据游戏规则，图4-1给出了“石头、剪刀、布”的一种战略式表述。

		乙		
		石头	剪刀	布
甲	石头	0, 0	1, -1	-1, 1
	剪刀	-1, 1	0, 0	1, -1
	布	1, -1	-1, 1	0, 0

图4-1　“石头、剪刀、布”博弈

根据前面介绍的规则，如果甲选择“石头”，乙就不会选择“剪刀”；如果甲选择“剪刀”，乙就不会选择“布”；如果甲选择“布”，乙就不会选择“石头”；反过来也是一样，因为二人谁也不想输。很明显，对这个博弈的参与者而言，既没有一个明显的优势策略，也没有明显的劣势策略。那我们该怎么做才能获胜呢？

在实际中，我们进行“石头、剪刀、布”游戏时，就是要做出一种选择且不让对方知道，对方只能通过博弈结构分析你的选择倾向性。虽然你有可能选择任何一个备选的策略，但对手想知道在你的备选策略中，你更倾向于选择哪一个备选策略。

在游戏开始前，你要先分析一下对手的出招偏好，如果对手是个性比较倔强的人，那么他连续出同一招，比如连续出“石头”的概率就比较大。在游戏中你就可以抓住他的这个弱点，最好的决策便是出“布”，赢的概率就比较大了。但是，我们都知道在实际生活中连续出同一招的人是很少的，也就是说在游戏中还刻意维持自己倔强性格的人是很少的，这时你要是学习了博弈的相关技巧就可以发挥作用了。当然，我们通常很难甚至无法猜出对手第一招出什么（除非你和对手很熟，熟到能够摸清他的脾性），所以第一招只能靠运气了。但是大多数人在游戏中都有出招的偏好，我们要留心观察并记住对手喜欢出的招，比如“石头”，第一招就根据对手偏好的招数出招，比如“布”，你赢的概率通常会大于1/2。如果在第一招时双方出现了平局，游戏就要继续，你的博弈技巧可以用在第二招。在双方第一招平局的情况下，比如双方都出“石头”，按照大多数人不连出同一招的惯性思维，留给对手第二招的选择只有“布”和“剪刀”，那么你只要出“剪刀”便可保证不败；如果对手第二招也出“剪刀”，则第三招的选择通常只有“石头”和“布”，只要第三招出“布”便可保证不败。如此进行下去，你赢的概率将非常大。

还有比“石头、剪子、布”更简单的游戏。比如，在一般扑克牌中，都有红色和黑色两种颜色，最简单的玩法就是随机地给两个玩家发牌，然后两个玩家同时出牌，黑色的赢，红色的输，颜色相同则平局。类似的还有猜硬币的正反面。当然，比“石头、剪子、布”复杂一些的游戏也有，比如生活中另一个非常普及的游戏——杠子、老虎、鸡、虫。所不同的是可能的出招不是 3 个而是 4 个。由于相生相克的逻辑，第一招出现平局的可能性也不仅仅局限于双方出同一招，比如“杠子”和“杠子”，双方出不同的招也可能是平局，比如“老虎”和“虫”，或者“杠子”和“鸡”。和前面的“石头、剪子、布”一样，第一局出现平局的概率越大则越利于我们博弈技巧的发挥，因为我们通过第一招，就能将博弈技巧运用在第二招以及后面的招数里。这里举个例子，假如第一招平局，双方都是出的“老虎”，或者对手出“老虎”而你出“虫”，按照大多数人通常不连续出同一招的惯性思维，对手第二招可能出的招数便是“杠子”“虫”“鸡”三者中的任意一个，那么第二招我们出“鸡”，则赢的概率就比较大。假如第二招仍然是平局，则第三招我们仍出能被对手上一招所克的招数，赢的概率就比较高。如此进行下去，你赢的概率将非常高。当然，如果别人的博弈技巧比你掌握得更好，他赢的概率也就比较高。

所以，要玩好游戏，就要学好博弈论；要过好生活，也要学好博弈论。当然，你还要了解一些心理学知识，最重要的是你的出招应是随机的而不要形成出招的倾向性，更不要把自己出招的倾向性轻易暴露给对手。你看过电影《教父》吗？里面教父维克托·柯里昂教训他大儿子时就说过：“不要让别人知道你的想法。”你觉得这是不是很正确呢？

想一想

如果有的人在玩这样的游戏时经常获胜，你觉得可能的原因是什么？

不确定性与策略选择

我们在前面说了，在玩“石头、剪刀、布”或者其他类似的游戏的时候，其实你并不知道对方到底要出什么招数，但是你可以通过一些细节判断出对方可能出某个招数的概率。这就像我们面对其他未知的事情一样，有时需要猜测，需要在不确定的条件下进行决策。

这个世界实质上是由无数个现实和可能的事件构成的，对于下一秒钟会发生什么，我们要看这些事件和我们认知之间的关系，这个关系就是概率，它描述了随机事件发生的可能性大小。在这无数的事件之中，有一些是必然发生的事件，其发生概率就为 1，有些是不可能发生的事件，其发生概率为 0。还有大量的充满不确定性的事件，也就是介于必然发生和不可能发生之间的事件，其发生概率在 0 和 1 之间。我们有时会说“对明天的面试，我有 80% 的把握被录取”“今天晚上下雨的可能性有 60%”“后天的考试，我有信心，有 90% 的把握能通过”……这些都是概率的实例。又如你在玩“石头、剪刀、布”时，出了一招“剪刀”，可能是因为你预测对方有 50% 以上的概率出“布”，否则你就会出“布”或“石头”了。

所谓不确定性，就是指行为者事先不能准确地知道自己的某种决策的结果，或者说，只要行为主体的一种决策的可能结果不止一种，就具有不确定性。因为这些事情尚未发生，结果尚不可知，所以决策的结果明显不能完全由决策者控制。事实上，很多时候，我们做了决策之后才能知道结果到底是什么。那么该如何提高决策的有效性呢？

其实在遇到此类问题时，我们可以应用最大期望收益法或者最大期望效用法进行决策。最大期望收益法就是在事件结果不确定的情况下，选择带来最大期望收益的策略。所谓期望收益（效用），就是事件发生的各种可能性（概率）与发生之后可能实现的收益之间的乘积之和。假如某个事件 X 有 n 种可能的结果 U_1，U_2，…，U_n 发生，每种结果发生的概率为 p_1，p_2，…，p_n，那么，这个事件的期望收益（效用）就是 $EU(X)=U_1\cdot p_1+U_2\cdot p_2+\cdots+U_n\cdot p_n=U_i\cdot p_i$。如果某个人有多种不同的策略可以实施，而每种策略又对应着不同的结果的可能性，那么决策人只要选择期望收益（效用）最大的那个策略就行了。下面我们举一个博弈的例子来看一下如何应用这个方法。

假设有两个博弈参与者甲和乙，各自经营着一家制造企业，为了争夺市场份额，在制定价格的问题上各有两种纯策略，甲的策略是（U，D），乙的策略是（L，R），这里不需要详细解释这个博弈的内容，其博弈结果（收益）如图 4-2 所示。

假设甲、乙双方都知道自己在各个策略组合下的收益情况，但是并不知道对方的收益。这样一来，双方就要权衡各自可能的组合情况。

如果甲根据搜集到的各种情报信息进行分析后认为，乙选择 R 策略的可能性为 $p_R=0.6$，选择 L 策略的可能性为 $p_L=0.4$，然后甲据此判断自己选择 U 策略时获得的期望收益 EU（U）= 0.6×2+0.4×3=2.4，选择 D 策略时获得的期望收益 EU（D）= 0.6×4+0.4×1=2.8。

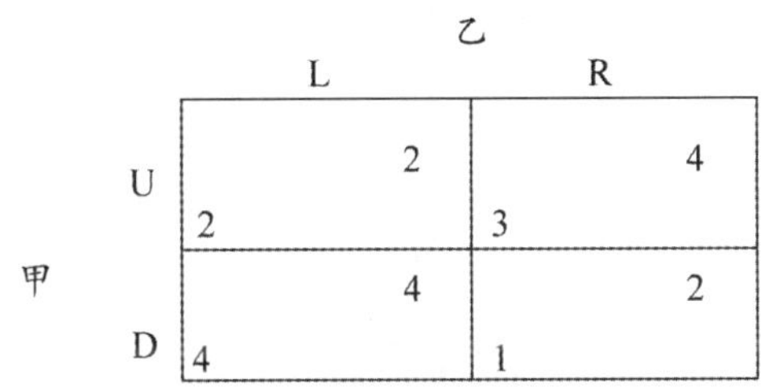

图 4-2　价格定制博弈

很显然，甲应该选择 D 策略，因为 EU（D）>EU（U）。

如果乙根据搜集到的各种情报信息进行分析后认为，甲选择 U 策略的可能性为 $p_U=0.3$，选择 D 策略的可能性为 $p_D=0.7$，那么乙据此判断自己选择 L 策略时获得的期望收益 EU（L）= 0.3×1+0.7×4=3.1，选择 R 策略时获得的期望收益 EU（R）= 0.3×4+0.7×2=2.6。

很显然，乙应该选择 L 策略，因为 EU（L）>EU（R）。

这样一来，最终该博弈的结果就是（D，L），均衡的支付为（4，4）。

讲到这里，你应该明白了，在决策者不知道博弈的另一方将采取什么策略的情况下，要想做好决策，就必须做好以下几步工作。

第一步，要分析另一方选择各种策略的可能性，也就是概率大小；第二步，要计算出自己选择各种策略的期望收益（效用）；第三步，要比较这些期望收益（效用）的大小，找出期望效用最大的那个策略；第四步，选择期望收益（效用）最大的那个策略。

当然，这里最关键的就是能够获悉对方选择各种策略的可能性，这要求决策者有可靠的信息来源并能有效地加以处理，否则一切都是空谈。就像司马懿被诸葛亮的空城计搞昏了头脑，对其中的可能性（概率）判断错误，最终失去了大好机会。

以上介绍的，是一种不完全信息静态博弈。在这种博弈中，参与者同时行动，没有机会观察到别人的选择。给定其他参与者的策略选择，每个参与者的最优策略依赖于自己的类型。由于每个参与者仅仅知道其他参与者有关类型的分布概率，而不知道其真实类型，所以，他不可能知道其他参与者实际上会选择什么策略。但是，他能够正确地预测到其他参与者的选择与他们的类型之间的关系。因此，该参与者的决策目标就是：在给定自己的类型以及其他参与者的类型与战略选择之间关系的条件下，使自己的期望效用最大化。这时形成的一个纳什均衡，就称为“贝叶斯纳什均衡”，这是一种类型依赖型策略组合。

混合博弈

从第 1 章开始，我们举的一些例子中，都有一个均衡的纯策略存在，比如“囚徒困境”博弈就有（坦白，坦白）这样一个纯策略，即参与人对某个策略有一个确定的或者明确的选择。但是，本章开头提到的“石头、剪子、布”博弈却显然没有这样一个纯策略，玩家的每一次出招都有可能被对方破解掉。换句话说，游戏的玩家或者博弈参与者不会固守着一种出招方式，都是随机地选择自己的出招，那么是否这个（或者这类）博弈不存在均衡呢？

我们先来举一个猜测硬币正反面的例子。假设有两个小孩小青和小白，手里各拿着一枚硬币，他们确定的游戏规则是：两人同时抛出手中的硬币，如果两枚硬币同时呈现相同的一面，则小青付给小白 1 元钱；否则，小白付给小青 1 元钱。这个游戏中，如果两枚硬币都是正面或者都是反面，小白就赢了；如果一枚是正面另一枚是反面，小青就赢了。我们将这个游戏表述如图 4–3 所示。

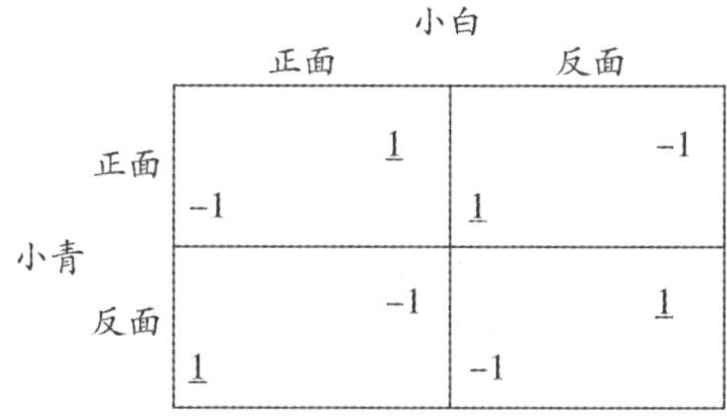

图 4-3 抛硬币博弈

在这个游戏里，每个参与人都有两个策略选择，组合起来，自然就有四种策略组合。根据前面介绍的分析规则，这个博弈不存在均衡的纯策略组合，四个组合都不是纯策略的纳什均衡。前面介绍过，所谓均衡，就是“谁先单方面改变策略都没有好处”。在这个博弈中，如果小青抛出的硬币是正面，而小白抛出的硬币也是正面，那么所形成的（正面，正面）的结果就让小白赢了。对于这个结果，小青肯定是不满意的，如果他单独改变了策略，抛出的硬币是反面，那么新的结果（反面，正面）就会让小青转输为赢，他的收益也就从-1 变为 1。其他三个结果都一样，所代表的也都不是一个均衡的博弈策略。

很显然，综合分析四个策略组合之后，我们可以发现，这个博弈并没有一个均衡的策略组合，也就都不是纯策略纳什均衡，那么这个博弈是不是没有纳什均衡呢？你是否还记得，在第 3 章介绍纳什均衡时说过，纳什定理明确指出：在一个有限的博弈中，至少存在一个纳什均衡。那么是否存在一个均衡不是以纯策略出现的呢？

带着这个问题，我们来对上述博弈进行一个新的分析。对于小青而言，他只有两种策略：抛出正面或者抛出反面，这是两个纯策略，但是他为了不让小白知道自己的想法，会随机地选择抛出正面或者负面，我们假设小青以 p 的概率抛出正面，那么他抛出反面的概率就是 $1-p$，这就是他抛出正面和反面的混合策略，即（p，$1-p$）。较为正式的定义是：如果在每个给定信息下，参与者只能以某种概率选择不同的策略，就称为混合策略。换句话说，所谓混合策略，不是参与人纯粹地选择什么策略，而是随机地，或者说是以一定的概率选择某一个策略。在这个例子中，小青可

想一想

有人认为，混合策略就是在纯策略上加上概率，在一次博弈中，参与者随机地选择一种纯策略，你觉得是这样的吗？

以选择正面，也可以选择反面，但这两种随机选择的概率之和一定为 1。如果小青选择以 50% 的概率抛出正面，就会有 50% 的概率抛出反面；如果小青选择以 30% 的概率抛出正面，就会有 70% 的概率抛出反面。

同样的，我们也可以让小白选择混合策略（q，$1-q$），就是说他以 q 的概率选择抛出正面，以 $1-q$ 的概率选择抛出反面。这里的每一个博弈参与者只有两个策略选择，所以其混合策略也只有两个，以某一个概率选择抛出正面，便以剩余的概率选择抛出反面，即混合策略表示为（p，$1-p$）和（q，$1-q$）。很显然，如果存在纯策略，也就相当于参与人以 100% 的概率选择某个策略，即 p 或者 q 等于 0 即可。所以，我们可以用混合策略表示出所有可选择策略。这个博弈矩阵如图 4-4 所示。

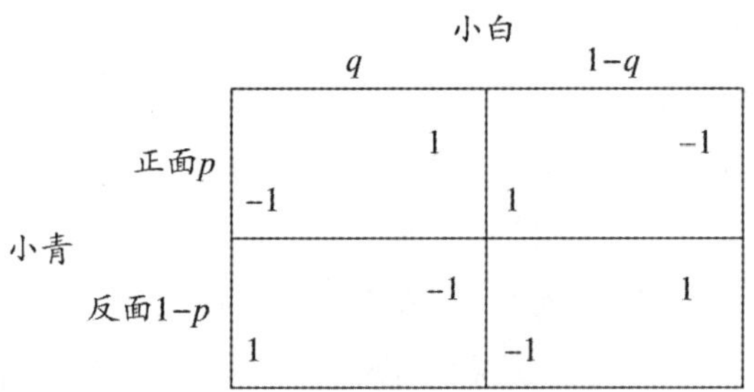

图 4-4　抛硬币博弈的混合策略

对于这个问题怎么求解呢？这里要再说明一下，对于前面讲过的那些纯策略的支付或者收益，我们是用效用来表示的，但是对于混合策略的收益或者支付就不能这样表示了，而只能以预期效用来表示。因为这是一个不确定条件下的概率问题，就像农民辛苦一年种的庄稼到收割时，会遇到好天气或坏天气是不确定的。你只能计算出期望的收益。

我们可以用以下简单的逻辑思维来处理混合策略的求解。小青知道小白以 q 的概率选择抛正面，以 $1-q$ 的概率选择抛出反面，那么小青自己选择抛正面还是抛反面的预期收益是没有差别的。这个思路是很简单的，也是很容易理解的。因为小青在和小白博弈时，要观察小白选择策略的倾向性，如果小白以较大的概率选择抛正面，小青选择抛反面自然就会有更大的机会赢，如果小白以较小的概率选择抛正面，小青选择抛正面就会有更大的机会赢。如果小白选择以 50% 的概率抛正面，小青选择抛正面还是反面就没有差别了。

这种方法，我们称之为支付均等法（payoff-equating），当一个参与者在均衡中应用一个混合策略时，他所得到的支付必须与他在混合策略中所应用的每一个纯策略的支付相同。这也是参与者对另一个参与者出招的一种最优反应。对上述这个博弈而言，给定小白的随机策略（q，$1-q$），小青选择抛正面和抛反面获得的收益是相等的，即 $U_{正面}=U_{反面}$；给定小青的随机策略（p，$1-p$），小白选择抛正面和抛反面获得的收益是相等的，即 $V_{正面}=V_{反面}$。这样就会形成一组方程，可以解出我们想要的混合策略均衡，也就是参与者的概率选择。

那么，当小白以 q 的概率选择抛正面，以 $1-q$ 的概率选择抛反面时，小青选择抛正面的预期收益为 $U_{正面}=(-1)\cdot q+1\cdot(1-q)$，小青选择抛反面的预期收益为 $U_{反面}=1\cdot q+(-1)\cdot(1-q)$。而且二者是没有差别的，于是就得到一个方程：$U_{正面}=U_{反面}$，即 $(-1)\cdot q+1\cdot(1-q)=1\cdot q+(-1)\cdot(1-q)$，得到 $q=1/2$。就是说，小白会以 50% 的概率选择抛出正面，以 50% 的概率选择抛出反面。

同样，小白知道小青以 p 的概率选择抛正面，以 $1-p$ 的概率选择抛反面，那么小白选择抛正面还是抛反面的预期收益也是没有差别的。其中的道理是一样的。于是，小白选择抛正面的预期收益为 $V_{正面}=1\cdot p+(-1)\cdot(1-p)$，抛反面的预期收益为 $V_{反面}=(-1)\cdot p+1\cdot(1-p)$。可以解出 $p=1/2$。小青也会以 50% 的概率选择抛正面，以 50% 的概率选择抛反面。

这个结果告诉我们，如果这两个博弈的参与人都以相同的概率选择出招的话，就会形成一个纳什均衡，而且是一个混合策略的纳什均衡。只要二人选择抛正面和抛反面的概率不同，就不会形成均衡。这其实很好理解，符合我们的直觉，因为这里只有两个纯策略，要么正面要么反面，要是不想被对方看出自己的倾向性，那就只有一半对一半地在两个策略中选择出招，否则就会被别人抓住机会。

这个抛硬币的游戏或者博弈看起来比较简单。如果我们把第 1 章中“田忌赛马”的故事再搬回来，那么田忌或者孙膑的胜算是多少呢？我们还是先把这个博弈表达出来，如图 4-5 所示。

齐威王 \ 田忌	上中下	上下中	中上下	中下上	下上中	下中上
上中下	3, -3	1, -1	1, -1	1, -1	-1, 1	1, -1
上下中	1, -1	3, -3	1, -1	1, -1	1, -1	-1, 1
中上下	1, -1	1, 1	3, -3	1, -1	1, -1	1, -1
中下上	-1, 1	1, 1	1, -1	3, -3	1, -1	1, -1
下上中	1, -1	1, -1	1, -1	-1, 1	3, -3	1, -1
下中上	1, -1	1, -1	-1, 1	1, -1	1, -1	3, -3

图 4-5 “田忌赛马”博弈

在这个赛马游戏中，要么输要么赢，这也是一个零和博弈。假设齐威王的期望收益为 1，那么田忌的期望收益就为-1。所以，如果假定齐威王的智商不低于田忌或者孙膑，则在此均衡中齐威王每次比赛都会赢，这是因为齐威王的三匹马均略胜田忌的三匹马一筹，所以齐威王具有绝对优势。既然二人的智力相当，那么齐威王也就不会固守着“上中下”一种出场顺序，不论是齐威王还是田忌都有 6 种纯策略（也就是 6 种赛马的出场顺序）可以选择：上中下、上下中、中上下、中下上、下上中、下中上。这样一来，就应该有如图 4-5 所示的 36 种策略组合。

如果你有兴趣，不妨按照上面介绍的方法来计算一下。假设田忌以 θ_1、θ_2、θ_3、θ_4、θ_5、$1-\theta_1-\theta_2-\theta_3-\theta_4-\theta_5$ 的概率选择上述策略，齐威王以 β_1、β_2、β_3、β_4、β_5、$1-\beta_1-\beta_2-\beta_3-\beta_4-\beta_5$ 的概率选择上述策略，这就形成了一组混合策略。同样可以计算出来，$\theta_1=\theta_2=\theta_3=\theta_4=\theta_5=1/6$，$\beta_1=\beta_2=\beta_3=\beta_4=\beta_5=1/6$。也就是说，齐威王和田忌都会选择以 1/6 的混合策略按照上中下、上下中、中上下、中下上、下上中、下中上六个出场顺序安排赛事。这样的话，双方赛马的出场顺序都是随机的，那么齐威王就有 5/6 的机会获胜，而田忌只有 1/6 的机会赢齐威王。

其实，对于“石头、剪子、布”这个游戏也是一样的，双方都只有三个纯策略，即石头、剪子和布，但是双方都不想让对方知道自己的策略，只能随机地选择混合策略，于是双方都会以 1/3 的概率在“石头、剪子、布”中做出招选择。否则，一旦三个纯策略的出招概率不是 1/3，就会有倾向性，也会被对方抓住机会，就会输掉比赛。

请朋友们记住，如果真的要做到“不要让别人知道你的想法”，在进行此类博弈对决时，你只有选择混合策略，随机出招才能不被对方钻空子。而你如果要获胜，也只有抓住机会看对方是否偏离了他的混合策略纳什均衡。

华容道之谜

在《三国演义》中有一个很有名的故事，就是“华容道关羽释曹操”，取自《三国演义》第五十回“诸葛亮智算华容，关云长义释曹操”。在小说里，即使和诸葛亮签了军令状，关羽也难忘旧恩，义释曹操。因此，这个故事既成全了关羽的仁义，也改变了整个局势的发展。那是在赤壁大战后，曹操的八十万大军因为孙刘联军的火攻而全线溃败，最后只好化装成士兵与残兵败将一起落荒而逃。当时，诸葛亮派关羽领兵阻截曹操，而曹操只有两条路可走，一条路是华容道，另一条路是旁边的大道。关羽可从中任选一条道路设下伏兵捉拿曹操。因为博弈的需要，我们假定诸葛亮与曹操之间也没有智力上的差别，都一样聪明。下面我们将这个故事衍生出来的博弈描述如图 4-6 所示。

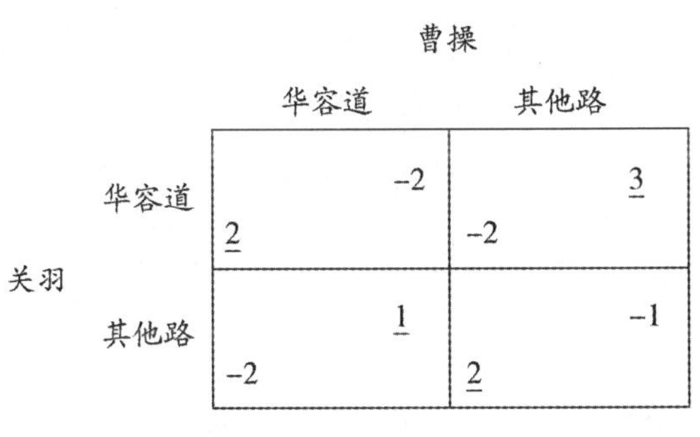

图 4-6　华容道博弈

如果关羽将全部兵力埋伏在华容道，而曹操也刚好选择走这条路，那么就会被抓住（事实上，故事里的曹操被关羽放了），为此，关羽获得2个单位支付，而曹操有-2个单位支付。当关羽在华容道设防时，曹操如果选择走其他路，则会避开关羽的埋伏。关羽在出兵之前已经与诸葛亮立下了军令状，如果他不能抓住曹操，甘愿受到军法惩罚，所以关羽在没有抓住曹操的情况下的预期支付毫无疑问是负值（当然，故事里的关羽放走了曹操之后，由于刘备说情，并未受到惩罚），为-2个单位；而曹操因为走大路会心情比较愉悦，逃脱得比较顺利，获得3个单位的支付。

如果关羽将全部兵力埋伏在旁边的大路，而曹操也刚好选择走这条路，那么关羽就抓住了曹操，获得了2个单位的支付；而曹操虽然走大路心情比较愉悦，但是毕竟被抓了，最后获得-1个单位的支付。如果当关羽在大路上设防时，曹操选择走华容道，尽管行进比较艰难，但是依然能逃脱，最终获得1个单位的支付；而关羽则因为没有抓住曹操而被惩罚，获得-2个单位的支付。

那么，这个博弈最终的结果是什么呢？我们假设曹操和关羽是一样聪明的人，曹操不会轻易地被关羽抓住，关羽也不会轻易地抓住曹操。也就是说，倘若关羽选择了设伏华容道，曹操将选择从另一条路逃跑；如果曹操选择从另一条路逃跑，关羽不会选择华容道而是在另一条路上设伏以便能够截住曹操。因此，在这个博弈中，不存在一个明确的策略使得该策略是对对方所选策略的最优反应。因此，这里必然有一个混合策略纳什均衡存在。那我们再来分析一下。

假设关羽在华容道设伏的概率为p，在另一条路设伏的概率为$1-p$，这就是关羽的一个混合策略（p，$1-p$）。也假设曹操从华容道逃离的概率为q，从另一条路逃离的概率为$1-q$，这也是曹操的一个混合策略（q，$1-q$），如图4-7所示。

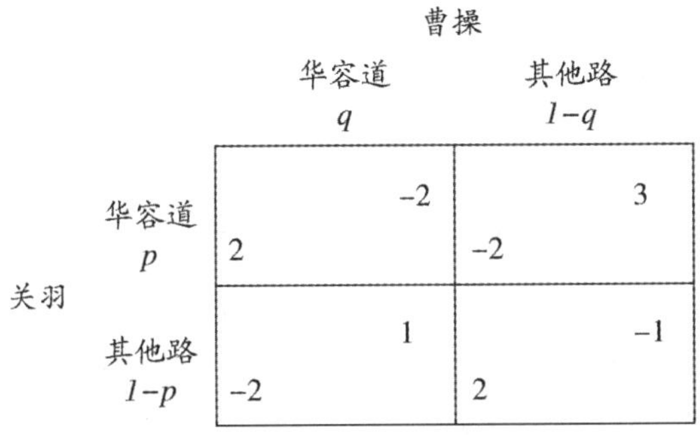

图 4-7　华容道博弈的混合策略

对关羽而言，如果他知道曹操的混合策略是（q，$1-q$），那么他选择在华容道设伏或是在另一条路设伏的预期收益是一样的，没有差别。所以，$U_{华容道} = U_{其他路}$，即 $2 \cdot q+（-2）\cdot（1-q）=（-2）\cdot q+2 \cdot（1-q）$，可以得到 $q=1/2$。这就说明，曹操的混合策略是（1/2，1/2），即一半的概率选择走华容道，一半的概率选择走另一条路。因此，关羽在选择如何设防时，他对曹操所选策略的最优反应就是当 $q>1/2$ 时选择设伏华容道，当 $q<1/2$ 时选择设伏在另一条路；当 $q=1/2$ 时在两条道路之间选择设伏是无差异的。

对于曹操而言，如果他知道关羽的混合策略是（p，$1-p$），那么他选择从华容道逃离或是从另一条路逃离的预期收益是一样的，没有差别。所以，$V_{华容道} = V_{其他路}$，即 $（-2）\cdot p+1 \cdot（1-p）= 3 \cdot p+（-1）\cdot（1-p）$，可以得到 $p=2/7$。这就说明，关羽的混合策略是（2/7，5/7），即 2/7 的概率选择设伏华容道，5/7 的概率选择设伏在另一条路上。因此，曹操在选择如何逃离时，他对关羽所选策略的最优反应就是当 $p<2/7$ 时选择走华容道，当 $p>2/7$ 时选择走另外一条路；当 $p=2/7$ 时在两条道路之间无差异。

读者朋友肯定还是要问，关羽抓住曹操的概率是多少呢？只有当（华容道，华容道）（其他路，其他路）这个策略组合发生时，曹操才会被关羽抓住，在这个博弈的混合策略纳什均衡下，有 $p \cdot q+（1-p）（1-q）= 2/7 \times 1/2+（1-2/7）\times（1-1/2）= 1/2$。也就是说，曹操有 50% 的概率被关羽抓住。所以，《三国演义》中关羽还真不一定能够抓住曹操，而曹操的“胜利大逃亡”也不

想一想

在一些足球比赛前，一方球队为什么都会反复观看对方球员在此前各类比赛中的录像呢？

一定是因为关羽的“义释”，诸葛亮夜观天象料定曹操必定不会就此被抓住或者被杀死更是子虚乌有了。

说到这里，我想起有一种体育比赛中出现的情况与“华容道”博弈类似。如果你是足球迷，一定还记得 2006 年在德国柏林举行的第十八届世界杯足球赛的决赛，法国队与意大利队在 120 分钟内战成 1：1，在随后进行的点球大战中，意大利队 5 罚 5 中，而法国队则 5 罚 3 中，最终意大利队以总比分 6：4 夺冠。在这场全球瞩目的足球比赛中，结果就取决于随机性很强的点球大战。点球实际上就是一种博弈，是守门员与罚球者之间的一种混合策略博弈。守门员的防守和罚球者的攻击之间，不正类似于关羽的捉和曹操的逃之间的博弈吗？在这样的点球比赛时，我们可以将球门分成左、中、右三个部分，守门员的动作便可以简化为向左扑球、向中间扑球、向右扑球，罚球员的行动则可以简化为向左射门、向中间射门与向右射门。为简单起见，假设只要射门和扑救的方向一致，射门就会被守门员扑出来，否则便踢进。这个博弈可以表述为如图 4-8 所示的矩阵图。

		守门员	
	向左扑	向中间扑	向右扑
向左射门	+ -	- +	- +
罚球者向中间射门	+ -	+ -	- +
向右射门	+ -	+ -	+ -

图 4-8　点球博弈

根据前面介绍的最优反应方程，可以比较容易地计算出，当达到混合策略纳什均衡时，如果在完全随机的状态下，守门员向左扑球、向中间扑球、向右扑球的概率是相等的，都是 1/3，罚球者向左射门、向中间射门与向右射门的概率也是相等的 1/3。所以，此时罚球者的期望值为（1+1-1）/3＝1/3，守门员的期望值为（1-1-1）/3＝ -1/3。实际情况也正是如此，在足球比赛中罚点球时，一般而言都是进球多、失球少。这虽然看似不公平，但是让双方互罚 5 个球，在机制上就是公平的了。如果一方球员犯规而被裁定罚点球，那自然是一种为了比赛公平而做的惩罚。

社会福利困局

2005 年 9 月初，一则来自英国《太阳报》的新闻引起了英国乃至全球爆炸性的讨论。《太阳报》的记者经过一番调查后发现，一名常年失业在家的懒汉——时年 47 岁的英国男子约翰 · 沃克，仅靠政府救济竟同时养活了 4 个老婆和 4 个情人，以及她们为他所生的 11 个孩子！据悉，沃克及其家人迄今已经花了英国政府 250 万英镑救济金。这的确令人感到惊讶，尽管分文不挣，沃克的生活却过得挺滋润：他住在政府提供的一栋 3 层楼房中，周围还有一大片草坪供孩子们玩耍。沃克也因此被《太阳报》封为英国"头号寄生虫"。许多民众都对政府把这么多救济金发给一个懒汉表示不满。这当然也引起英国政府反思历届政府的救济政策是否有漏洞，也逐步意识到，沉重的社会福利负担和严重的失业现象是长期以来制约英国经济发展和引发社会矛盾的两大主要因素。为了使英国经济持续平稳增长和创造充分的就业机会，英国政府开始着手改革其经济和社会福利制度。

其实，早在撒切尔夫人担任英国首相时，就曾致力于推动英国政府改革社会保障制度，其指导思想是社会福利不能全靠国家提供。她说："任何一种把福利国家当作护身符的指望都是危险的。""个人必须负起自己应负的责任。""不要靠国家照顾个人，而是应该自己照顾自己。""16 岁的孩子一走出校门，就跨进社会保障的乐园，只能学会一种什么也学不会的生活。"实质上，撒切尔夫人的思路就是要维护效率的严肃性，不能因为国家提供了"从摇篮到坟墓的保障机制"就使得生产生活效率下降。

从上面的现象中可以看到，本意良好的社会福利制度却在现实中遭遇了滑铁卢，并不是因为政府不作为，而是被救助者的

“道德风险”①（这一点在后面第 10 章的内容中还会详细介绍）引起的。下面我们就上述问题建立一个博弈分析框架，它主要描述的是政府实施公共福利政策时会遇到的激励问题，例如政府对失业者进行救济可能反而会使失业者不愿意努力寻找工作。具体如图 4-9 所示。

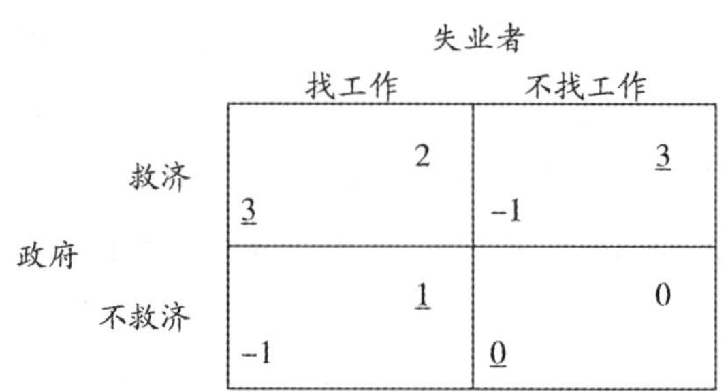

图 4-9　社会福利博弈

在这个博弈中，政府和失业者都有两个纯策略，分别是救济和不救济、找工作和不找工作。如果政府选择对失业者进行救济，而失业者也在接受了救助后继续努力找工作，博弈的结果为（3，2）；如果政府选择对失业者进行救济，而失业者在接受了救助后不愿意努力找工作，博弈的结果为（-1，3）；如果政府选择对失业者不进行救济，而失业者愿意努力找工作，博弈的结果为（-1，1）；如果政府选择对失业者不进行救济，而失业者也不愿意努力找工作，这个博弈的结果自然为（0，0）。

据此，我们可以看到，如果政府选择救济失业者，那么失业者的最优选择是不工作而游手好闲；如果失业者游手好闲，政府的最优选择是不对失业者进行救济；如果政府不救济，失业者的最优选择还是去寻找工作，否则没饭吃；如果失业者努力去寻找工作，政府最优选择是对失业者进行救济，帮助他早日找到工作，为社会做贡献；如果政府救济之后，失业者已经能生存，最舒服的选择还是放弃工作四处优哉游哉……如此反复循环，没有终止。也就是说这个博弈不存在纯策略纳什均衡。

那么我们假设政府以（p，$1-p$）的混合策略选择救济或不救济，失业者以（q，$1-q$）的混合策略选择找工作还是不找工作。根据前面介绍的分析方法，可以很快得到政府的混合策略为

①道德风险（moral hazard），也称道德危机，是指参与合同的一方所面临的对方可能改变行为而损害到本方利益的风险。

（1/2，1/2），失业者的混合策略为（1/5，4/5）。也就是说，政府会有一半的概率选择对失业者进行救济，而失业者则不同，他会对此进行考虑，所以有 1/5 的概率努力找工作，还有 4/5 的概率不愿意找工作，坐享政府的救济。值得说明的是，这个结果是针对以上博弈假设而得出来的，并不就意味着政府和失业者之间只有这个简单的选择。

所以，在对这个模型分析之后，我们还可以继续讨论为什么失业者得到政府救济后就不愿意继续找工作？为什么享受了生活补助的下岗职工还在拼命找工作？为什么领取了助学金的大学生还要兼职？政府的招商引资优惠政策能不能真正鼓励投资者励精图治？……这些都是很深层次的问题了。“高福利政策会使劳动者滋生依赖、懒惰情绪，增大摩擦性失业率”“过多地提供补贴，将对解决失业员工再就业问题和失业率过高的状况极为不利”是不是不必要的担忧呢？

其实，上述社会福利的博弈模型必须满足一些前提条件才能够成立，比如：政府和失业者都是理性的，政府选择策略的原则是社会福利最大化，失业者的原则是自身利益最大化；如果失业者在政府资助下转变为劳动者，他们能创造的预期社会福利将大于政府救济他们的花费，于是政府的行动将使社会总福利增加；失业者自己的能力不足以顺利找到工作，如果在他们努力找工作的时候政府不及时对他们进行救济，就会因为失业者找不到工作而无法增加社会总福利。失业者是珍惜生命的正常人，当经济窘迫危及生存的时候，他们会尽最大努力去找工作赚钱；政府的救济能够满足失业者的基本生活需求，否则即使政府对失业者救济，失业者也必须寻找工作，不找工作他们就会饿死。此外，还要求失业者是得过且过，缺乏雄心壮志，对马斯洛需求层次理论中的自我实现等较高层次需求欲望很弱甚至完全没有的人。考虑到政府救济一般较少，只能供被救济者勉强维持生存，失业者还必须是不太看重物质享受，更看重悠闲的人。如果上述这些条件不能成立，那么，这个博弈就很可能出现纯战略均衡，也就改变了这个博弈的意义了。

党的二十大报告指出，党和国家事业取得历史性成就，发生历史性变革，推动我国迈上全面建设社会主义现代化国家新征程。

以习近平同志为核心的党中央深入贯彻以人民为中心的发展思想，在幼有所育、学有所教、劳有所得、病有所医、老有所养、住有所居、弱有所扶上不断取得新进展，人民生活全方位改善。我国建成世界上规模最大的教育体系、社会保障体系、医疗卫生体系，基本养老保险覆盖10.4亿人，基本医疗保险参保率稳定在95%。人均预期寿命增长到78.2岁。人民群众获得感、幸福感、安全感更加充实、更有保障、更可持续。我国社会保障体系建设的成就，为人民创造美好生活奠定了坚实基础，为脱贫攻坚战取得全面胜利提供了坚强支撑，为全面建成小康社会、实现第一个百年奋斗目标提供了有利条件。

正确选择混合策略

在日常生活及经营管理中，只要涉及这类混合博弈问题，我们都会有输有赢，有兴奋有失意，就像前面提到的足球比赛罚点球一样。这就说明我们有时选择的策略不合理，不是最佳的策略或者不是均衡的策略，那么该如何正确选择混合策略呢？以下几点建议或许对你有帮助。

第一点，避免在随机行动中有规律可循。如果问你，怎么随机行动？你可能会说，什么都不要想，随意出招。但是你会做到什么都不想吗？很显然，你不会。因为你在出招时会思考对手的出招是否有规律可循。同样，对手也在这样思考你的出招。所以，随机行动这种事说起来容易，做起来太难了。举个例子，你若是买彩票，本期开出来一组号码，你还会在下一期买这个号码吗？你不会，因为直觉告诉你，开过的号码不可能再开一次。但是从理论上讲，上期开过的中奖号码在下一期再次开出的机会和其他号码开出来的机会是相等的。好比你在乒乓球比赛中尽量不让对手看出来你的发球方向，但是由于性格使然，你难免还是会出现某种发球方向或者打法的偏好。有时候，这就是所谓的“过犹不及”，无意识地暴露自己的信息。那么，为了避免让自己落入随机行动中出现规律这样的怪圈，我们有必要找出一种机制——就像我们有一个随机数字发生器——可以很好地实现一个客观的无规

想一想

有人说，“很多时候，双方的对局要靠运气”，你觉得这和“博弈论是一门科学”相冲突吗？

律性的随机行动。记住，你的行动方针就是让对手对你的行动无法预测。比如我们可以找个轮盘，上面写着 0 到 9 的数字，随手转动，奇数就选择这个策略，偶数就选择那个策略，你觉得这种方法怎么样？

第二点，不要依赖对手的随机性。根据前面的分析，可以知道，假如一个参与者选择的是自己的混合策略，那么，无论对手选择什么样的策略，他的成功概率都是一样的。作为同样理性的参与者，除非你选择的是自己的最佳混合策略，否则你的对手就没有动机选择他的最佳混合策略。所以，你不能因为认为对手在实施最佳的混合策略，就随意地选择自己的行动，如果这样做，最终失败的很可能就是你。因为对手也在盯着你，希望从你的行动中找到蛛丝马迹来发现你的倾向性，从而择机对你使出克制你的招数。就像在乒乓球比赛中，你选择向对手的正手方抽杀，他就会转向攻击你的反手方向。你之所以要使用自己的最佳混合策略，就是为了迫使对方用他的最佳混合策略。另外，你要记住，你从对手的随机行动中可能得到一些他故意暴露的信息，而这个判断也许恰恰是对你不利的，反而落入陷阱。因为你能怎么对付别人，别人也会怎么对付你。所以在你试图相信从对手那里获得的信息时，要再多思考一点，不要完全依赖对手的随机性。

第三点，做独一无二的自己。在这要向大家说的可能是你会感到吃惊的办法，对，我们想要的效果就是这样。如果你想让对手大吃一惊，那么你应该让自己也大吃一惊。假如你和对手有很多次交锋，那么你或者他都有很多次机会去观察对方的行动是否有明显的倾向性，以便从中找出规律，并采取相应的行动。这就是说你要避免被对方观察清楚，而坚持自己的最佳混合策略。但是如果你和对手只有一次交锋，你根本没有机会去发现什么蛛丝马迹，那该怎么办呢？你应该充分思考这样的问题，如果你能思考得比对方多一点点，就好比在围棋对弈的时候，你能比对手多算出一步棋，你就可能赢得这场比赛，不是吗？你要结合各种信息，找出这样一个决策：就算对手知道了你选择某种策略的概率，也不能从中得到好处，这就是我们说的均衡的混合策略。什么样的策略才是令自己和对手都大吃一惊的策略呢？其实就是避免形成固定模式，又不容易让对手预测自己行动的冒险策略（当然，你要记住，冒险是有失败危险的，稍有不慎就会损失惨重）。就好比，诸葛亮在遭遇司马懿兵临城下的时候，临危不乱，充分分析了司马懿的性格特点和军事经历，想出了一个千古奇谋——空城计，这就让司马懿很吃惊，其实诸葛亮心里又何尝不吃惊呢？

第四点，先发制人以便抢占先机。我们讲的混合策略博弈，其实就是要通过预测做出一个对自己有利的决策，从而实现最佳的收益。而我们能做的只有正确预测对手的策略选择，或者较大概率地正确预测对手的行动。如果我们能够从对手随机的行动中发现倾向性，并毫不犹豫地利用它，那么我们就可能成功。本章的开头，谈到了有两个经营产品制造的企业甲和乙为了争夺市场份额而在价格制定上需要进行混合策略博弈。试想一下，如果乙因为不知道甲的策略选择，一直在犹豫是选择L策略还是选择R策略，而甲也一样。为了避免最后的不利结局，甲何不先发制人，直接选择D策略呢？这样就可以逼迫乙选择L策略。我们举一个例子，现在商场都比较流行为消费者提供折扣券，目的是吸引客户，既能维持老客户，也能吸引来新客户。但是，如果排除了市场营销的相互竞争的因素，竞争对手之间应该只有一家提供折扣券才是最好的选择，否则容易造成两败俱伤，充其量也就是开展了一场价格大战而已。这样的话，市场上的竞争对手的最好办法就是轮流提供折扣券。这样，你就可以在预测到对手即将提供折扣券时，先发制人地启动自己的折扣券促销计划，抢占先机。这个先机是什么呢？就是你的最佳的混合策略。

第五点，虚实结合以便出人意料。《孙子兵法·虚实》中有这样一句话："故善攻者，敌不知其所守；善守者，敌不知其所攻。微乎微乎，至于无形；神乎神乎，至于无声，故能为敌之司命。"意思就是：善于进攻的人，能使敌人不知该如何防守；善于防守的人，则能使敌人不知如何进攻。真微妙啊，微妙得看不见形迹；真神秘啊，神秘得听不到声息。正因为如此，才能成为敌人命运的主宰者。具体到我们的博弈活动中，一方面，你要懂得运用一些辅助性的策略，让对手不敢忽略你，比如税收监督博弈，作为监管方的税务部门可以通过报纸或者有关媒体发布加强税收检查监督的报道，让纳税人认为税务机关不会漏过对自己企业的检查，这样就达到了少花成本监督但纳税人也不会逃税的效果。另一方面，你应该时刻树立一种策略意识，要做一个出色的策略家，懂得在无关紧要的时候装出只会选择很糟糕的策略的模样，也就是不选择最佳的混合策略，目的是引诱对方上当，让对方跟着你的策略走，并逐渐暴露自己的策略选择的弱点和倾向性，这样你就可以在关键时刻出其不意，运用自己的均衡的混合策略，使出撒手锏，将对方一举击溃。这也就是所谓的兵不厌诈。就像孙膑在与庞涓对阵时，为了迷惑庞涓，采取逐渐减灶的办法，诱使庞涓以为孙膑的军队是穷途末路而不断深入孙膑早已设好的包围圈，最后被一举歼灭。也许你可以从中体会到“声东击西”“乱中求胜”这样的策略蕴含的价值了吧。

小结

本章通过“石头、剪刀、布”这样一个简单的游戏，说明了关于在某些博弈中存在混合策略，也阐明了如何寻找混合策略纳什均衡。通过这些混合策略博弈，你应该明白：在我们无法获知对手的意图的情况下，我们所能够采取的最好的方法就是混合策略，就是尽量以随机的顺序来出石头、剪刀、布这样的招数，使每一次出招时的概率均衡或者相等。除此以外，你还要明白：每个参与者其实并不在意自己在均衡时选择的具体策略到底是什么。一旦有必要采取混合策略，找出自己的均衡的混合策略的途径就在于使别人对自己的具体行动无所谓。因为这正好符合零和博弈的随机化动机：你想阻止别人利用你有规律的行为占你的便宜。假如他们真的倾向于选择某一个特别的行动，从你的角度来看，这只能表示他们选择了最糟糕的方案，因为一旦某种策略被很明显地识别出来，那么他很快就会被另一个策略击败。

基础练习

一、请用最大期望收益法寻找最优策略。

要求：(1) 写出计算步骤；

(2) 给出最优的策略结果。

甲、乙两家企业为了争夺市场份额，在价格制定问题上各有两种纯策略，如习题图 4-1 所示。两家企业都知道自己在各个策略组合下的收益情况，但是并不知道对方的收益。假设甲采取 U 策略的概率为 0.3，乙采取 R 策略的概率为 0.6。

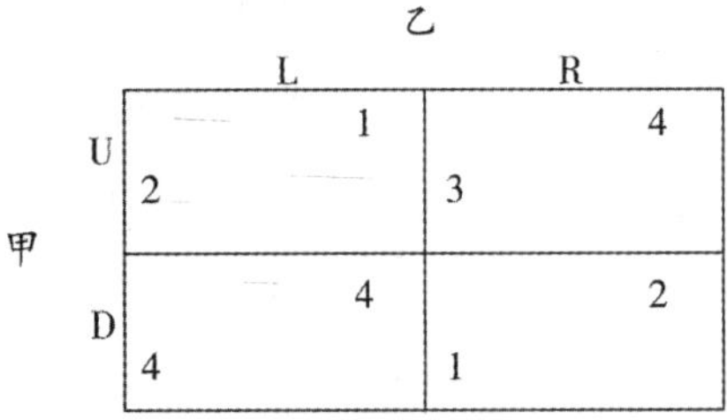

习题图 4-1

二、求解习题图 4-2、习题图 4-3 所示博弈的纳什均衡。

要求：(1) 写出计算步骤；

(2) 给出所有纳什均衡策略。

关羽 \ 曹操	华容道	其他路
华容道	2, −2	−2, 3
其他路	−2, 1	2, −1

习题图 4-2

1号厂商 \ 2号厂商	X	Y
A	10, 10	1, 4
B	4, 1	5, 5

习题图 4-3

第5章

承诺与威胁：使决策更加可信

善周者，明不能见也；善明者，周不能蔽也。大明胜大周，则民无大周也；大周胜大明，则民无大明也。

——《管子·势》

前面几章中，我们介绍的基本都是同时发生的博弈，它所反映的是参与者同时选择博弈策略的行动，属于静态博弈。本章先介绍一下有关动态博弈的基本知识，然后就从大家耳熟能详的“破釜沉舟”的故事开始，解读其背后的博弈内涵，并扩展至当今社会生活中的一些博弈，相信这也能为我们今后在社会交往和经营管理中可能遇到的某些决策提供一些有价值的参考和指导。

动态博弈

想一想

你能用动态博弈和静态博弈解释“运筹帷幄，决胜于千里之外”和“将在外，君命有所不受”吗？

下面我们将介绍一些不是同时发生的博弈行为，在这些博弈中参与者选择策略有时间先后顺序，这种博弈叫作序贯博弈，是一种动态的博弈。只要参与者的决策不是同时的，就是序贯决策博弈，不一定非得是轮流决策。比如，有甲、乙、丙三个人参加的博弈，决策的顺序是“甲—乙—丙—甲—乙—丙……”或者“甲—乙—丙—乙—丙—甲……”，都是序贯博弈。对于序贯博弈，我们不便再用前面讲的矩阵表的方式进行表达，而是采用决策树的方式。

当一人先行动而另一人后行动时，后者很自然地要根据前者的选择而调整自己的选择，前者自然也会理性地预判到这一点，所以不可能不考虑自己的选择对对手的选择的影响。因此，为了做出最优行动选择，每个参与者都必须这样思考问题：如果我这样选择，对方将如何应对？如果我是他，我将如何行动？对于他的策略选择，什么策略是我的最优选择？这就好比下棋，在每走一招之前，你都要考虑：如果我走了这一招，对手会怎么出招？如果对手出了那一招之后，我又怎么出招？对手如果知道我知道他会出那一招，他又会如何出招？……这样的博弈过程，就是看谁更加理性，谁能想得更多。

这里我们要记住，在动态博弈中，行动有先后，信息也有充分或者不充分，所以才有完全信息动态博弈和不完全信息动态博弈。在不完全信息动态博弈中，为了研究的方便，我们还假设有一个虚拟的参与者，一般称为“自然”，是指决定外生的随机变量的概率分布的机制。比如，在房地产开发博弈中，对商业写字楼的市场需求是一个随机变量，为了分析的方便，假定“自然”以一定的概率决定需求是大是小。当然，博弈参与者的决策要依赖于“自然”的选择。

对于完全信息动态博弈，当后一参与者行动时，很自然地会根据前者的选择而调整自己的选择，而前者也会理性地预判到这一点，所以不可能不考虑自己的选择对他人的影响。但这只是一种独特的理想状态。这里我们说一下不完全信息博弈。在不完全信息条件下，动态博弈的每一参与者知道其他参与者有哪几种类型以及各种类型出现的概率，即知道“自然”这个虚拟参与者的不同类型与相应选择之间的关系，但是，参与者并不知道其他参与者具体属于哪一种类型。由于行动有先后，在博弈一开始，先行动的参与者会根据其他参与者的不同类型及其所属类型的概率分布，建立自己的初步判断。然后，后行动者可以通过观察先行动者的行为，获得有关先行动者的信息，从而证实或修正自己对先行动者行动的反应，根据这种不断变化的判断来选择自己的策略。

我国唐代文学家柳宗元在《黔之驴》中讲述的“黔驴技穷”的故事，就是一个关于不完全信息动态博弈及行动策略修正的典型案例。黔地有一只老虎从来没有见过驴子长什么样，因而不知道自己比驴子强还是弱。所以老虎骤然见到驴子这么一个庞然大物，需要仔细权衡一下：如果自己比驴子弱，那就只能躲避；如果自己比驴子强，那就把驴子吃了。但是由于不了解驴子的情况，老虎的做法只能是不断试探，逐步了解驴子的真实情况。如果驴子表现得温顺无能，老虎就认为驴子是猎物的概率比较大。起初，老虎靠近驴子，但是驴子没有反应，老虎觉得驴子不像强敌，胆子便越来越大。后来老虎再靠近驴子，驴子用蹄子踢它并大叫，老虎以为驴子要吃它，吓得逃走了。但后来老虎觉得不甘心，决定继续试探一下，终于发现驴子除了抬起蹄子踢以外，就没有其他本领了。这时老虎才觉得驴子“仅此技耳”，于是最终认定自己比驴子强大，从而选定了自己的最优策略——把驴子吃掉。

为了使读者对博弈论概念熟练掌握，我们先简单给出以下几个相关概念。（1）对一个动态博弈而言，每一个参与者的一次行为称为一个“阶段”，显然它有不止一个决策阶段。如果从第一阶段以外的某个阶段开始的后续博弈阶段也有初始信息集，具备进行博弈所需要的各种信息，能够自成一个博弈，我们就将这个博弈阶段称为原动态博弈的一个“子博弈”。（2）在完全信息动态博弈中，如果各参与者的策略在该动态博弈本身和所有子博弈中都构成一个纳什均衡，则称该策略组合为一个“子博弈精炼纳什均衡”。首先，这个均衡是纳什均衡，从而具有战略稳定性；其次，这个均衡又不能包含任何的不会守信的许诺或威胁，也就是说各参与人的选择都是按最大利益原则决策的。（3）在不完全信息动态博弈中，如果给定参与者自己的特征和其他参与者特征概率分布信息，每个参与者选择的策略能使自己的期望支付最大化，也就是说，没有人有积极性选择其他策略，这就形成了“精炼贝叶斯纳什均衡”。要点在于当事人要根据自己观察到的他人的行为来修正自己关于后者特征的“信念”（主观概率），并由此选择自己的行动，而且均衡的策略选择应该在每一个子博弈都构成贝叶斯均衡。

为了更好地理解上面介绍的有关动态博弈的概念和内涵，我们来举一个例子。乙想投资运作一个项目，但是现在没有足够的资金支持，他决定从甲那里吸引 1 万元投资，并向甲许诺如果项目运作成功后将与甲平分盈利。假设该项目肯定可以成功，获得 4 万元的盈利。如果乙到时候不拿出赚的钱与甲进行平分，甲可以选择放弃，也可以选择提起诉讼，以争取收回这笔钱。这个博弈如何开展呢？我们用图 5-1 所示决策树来表示这个博弈，其中括号内的博弈支付为（甲，乙）。

在这个动态博弈中，有三个子博弈。起初，甲要决定是否向乙进行投资，他有两个策略选择，投资或不投资，这是第一个博弈。假如甲决定向乙投资，乙拿去运作项目并赚钱后，就要决定是否分给甲，这是第一个博弈的子博弈。如果乙不拿出钱给甲，那么甲就要做出决定，是否追回这笔钱，需要在提起诉讼和不提起诉讼之间做出选择，这是第二个博弈的子博弈。图 5-1 中的虚方框就代表了原博弈的二级子博弈。

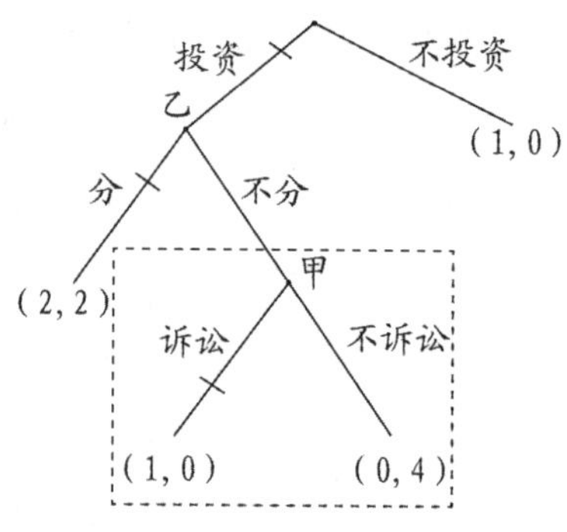

图 5-1　项目投资博弈

甲在最初决定是否向乙投资的时候，肯定会考虑到后面可能发生的事情，他需要关心的是乙赚到钱之后是否会履行承诺跟自己平分项目的收益，因为万一乙赖账，自己连本钱都收不回来。根据假定，甲知道乙的经营运作会成功，可以获得 4 万元的收益，但是他不知道乙是否会和自己分这笔钱。如果平分收益，大家相安无事，各取应得的收益，皆大欢喜；如果甲不与乙平分收益，问题就复杂了。如果甲提起了诉讼，双方都会受到损失，因为甲要付出诉讼成本、时间耗费、精神损失等成本，乙也要付出声誉损失、诉讼成本、赔偿支付等，这个子博弈的结果为（1，0），甲获得 1 个单位的收益，乙没有收益；如果甲不提起诉讼，那么乙就会毫无损失，而甲必然会损失掉本金。

这个博弈如何进行呢？我们需要介绍一种新的方法。对于动态博弈，特别是在完全信息状态下，最简单的方法就是逆向归纳法。就是从最后一个阶段或最后一个子博弈开始逆推回去，逐步向前倒推以求解动态博弈均衡。下面我们就采用逆向归纳法，将这个博弈从最后往前倒推。

在最后一个阶段，甲面对着提起诉讼和不提起诉讼两种情况，分别获得 1 个和 0 个单位的支付，显然，甲会在乙不履行承诺时提起诉讼，这对甲而言是最优策略。我们在这个策略对应的树枝上画一斜线，代表这种选择。这样一来，乙知道甲必然会提起诉讼，就面对着分与不分收益的策略选择。这就回到了第二阶段。

如果他平分收益，获得 2 个单位的支付，如果不分收益，则获得 1 个单位的支付。显然，此时乙会选择与甲分享这笔盈利，双方均获得 2 个单位的支付。当然，对于这个结果，甲也能想到，乙也知道甲能想到。所以，该博弈回到第一个阶段，甲是否要选择投资呢？不投资的话，甲的 1 万元还是 1 万元，投资的话，甲的 1 万元就会变成 2 万元，所以，甲肯定会选择投资这一策略。至此，博弈的均衡路径就找到了：甲投资—乙分配盈利—甲提起诉讼。最后的博弈结果自然就是甲向乙投资，乙与甲分享盈利，双方的收益均为 2 个单位。

破釜沉舟

“破釜沉舟”的故事见于《史记 · 项羽本纪》：“项羽乃悉引兵渡河，皆沉船，破釜甑，烧庐舍，持三日粮，以示士卒必死，无一还心。”具体故事是：秦朝末年，反对秦朝暴政的农民起义此起彼伏，战争不断。公元前 207 年，秦将章邯在消灭项梁（项羽的叔叔）的部队之后，又率秦军北上攻打赵国，并大破赵军，随后命大将王离、涉间率 40 万大军包围赵国的巨鹿城。接到赵王紧急求救的楚怀王，遂任命宋义为上将军，项羽为副将，领楚军 5 万前去救援。眼看着宋义消极怠战，项羽怒不可遏，为了尽快为叔父报仇，便借机杀了宋义，自己执掌帅印。尽管知道楚军和秦军人数相差极为悬殊，项羽还是率大军渡过黄河，随后命令部队将炊具统统打破，将渡河船只全部凿沉，只让士兵携带三日粮进军，激励将士们拼死决战，勇往直前。项羽更是身先士卒，冲锋陷阵在前。楚军在项羽的率领下，个个英勇无畏，以一当十，九战九胜，大败秦军，从而解了巨鹿之围。这是秦末战争中消灭秦军主力的一场决定性战役，也是历史上著名的以少胜多的战役。通过这场胜利，项羽在各路诸侯中树立起威信，铸就了西楚霸王的威名。

在这场战役中，项羽及其楚军明显处于劣势，即使我们假设楚军的平时战斗力是秦军的 2 倍，那么 5 万楚军也只能抵挡得住

10万秦军，而当时秦军有40万，在冷兵器时代，这就是天壤之别啊。在项羽看来，这场战役必须胜利，否则既不能解决赵国的危，也不能为自己的叔父报仇，更不能在众将及楚怀王面前展示自己的实力，就会让他先前杀宋义的行为变得毫无意义。所以，对项羽而言，此战只能胜不能败，此其一也。另外，项羽率部队来解赵国被围的困境，是远道而来，兵马劳顿，后方补给肯定比秦军困难，而且部队背井离乡，不宜在外久战。基于此，如果不能速战速决，必将大大动摇军心，一旦军心涣散，这场战役势必以楚军失败告终。所以，此战必须尽快结束，而且一定要成功，此其二也。这些信息，项羽都是清楚的，而且他知道秦将章邯也是知道这个道理的。

秦将章邯之所以率大军压境，其目的是消灭赵国，此时并不想和项羽纠缠，否则就会使赵国有喘息的机会。所以章邯的主要兵力还是在包围巨鹿城，而不能被项羽冲破了阵线，所以他的精力和兵力就势必要分散，实力就要削弱不少。另外，章邯的40万大军，虽然都是秦朝的军人，但是也长期受到秦朝暴政的压制，而且这些年的连续征战，已经让他们逐渐动摇，内部军心并不稳定。也就是说，秦军其实并不想打仗，只是没办法，这样一来，秦军的军事实力就大打折扣。对于这些问题，项羽是知道的，章邯也知道项羽知道这一点。

在这种情况下，项羽该怎么做呢？假如他能让5万大军同仇敌忾、英勇奋战，那么，他就有可能取得胜利。所以，他需要想出可靠的激励措施，这样一来，自己的士兵就会奋勇向前，秦军也会被这种气势震慑住，不会全力战斗。但是，只是简单地提出口号承诺要率领部队战斗到最后，甚至威胁士兵后退者格杀勿论是不行的，而且这样的承诺或者威胁也不可信，在敌我力量悬殊的情况下，士兵都被自己人杀了，这仗还怎么打呢？通常威胁方做出威胁承诺时，必须表现出自己实施威胁的决心，而不是实施威胁的可能性。因为对方完全可以这样理解：如果你表示可能实施威胁，那就也意味着可能不采取威胁行动，也就是为自己留下了选择的余地，表明你没有实施威胁的决心。所以，项羽想到的办法就是“破釜沉舟”！

试想，你把战船烧了，把锅也砸了，摆明了就是将全军都置之死地了。其他诸侯的援军可能来，也可能不来，即使来也要过一段时间了，在此之前楚军都是孤立无援的。投降也几乎不可能，因为项羽是发动起义的一方，以秦朝的暴政而言，这样的军队是很难被接受投降的。而且当初起义就是为了推翻暴政，现在投降又有何意义呢？对于这些问题，士兵们也清楚。更重要的是，秦军会觉得，楚军都烧船砸锅了，他们肯定是不可能后退的。因为，楚军的选择显然受到了限制，不可能撤退。如此一来，秦军的士气必将受到影响，军心思动，这可是兵家大忌。

总之，项羽选择“破釜沉舟”，就是让自己“打到最后获胜”的承诺或者“和秦军死战到底”的威胁变成可信的。他使楚军士兵们相信破釜沉舟后，自己退无可退，唯有死战才能活命。由此可见，这一招非常有用。谁说项羽有勇无谋？真是委屈了这位乱世英雄，低估了这位西楚霸王。就连司马迁都认为项羽才气过人，只可惜项羽这种过人的才华并没有给他后来的统治带来帮助。在后面的内容中，我们将全面分析有关承诺和威胁的问题。

我国古代还有韩信“背水一战”的案例，与项羽“破釜沉舟”的内涵类似。说的是汉朝开国大将韩信率军攻打赵国，冲出太行山以东的咽喉要地井陉口之后，命令将士背靠大河摆开阵势，与敌人交战。韩信以前临大敌、后无退路的处境来坚定将士拼死求胜的决心，结果灵活运用“陷之死地而后生，置之亡地而后存”的策略大破赵军。“背水一战”后来也被用来比喻处于绝境之中，为求生路而决一死战。这样的实例还有很多，我们就不再一一列举了，读者可以自己找一些来分析。“破釜沉舟”也好，“背水一战”也罢，除了在军事上运用之外，在商场上和政治上也是很重要、很有用的策略。

想一想

当然，破釜沉舟的激励作用是明显的，但显然也不能将胜利全部归功于此，还要从当时的历史环境和人心向背来看，你觉得呢？

承诺及威胁

所谓承诺，就是对愿意与你合作的人给予回报的方式。项羽就是给了楚国的士兵们一个坚持到底、取得胜利的承诺。所谓威胁，就是对不肯与你合作的人进行惩罚的一种回应规则。项羽就是向楚国士兵们发出了一种威胁，不奋勇向前只有死路一条；同时也向秦军发出了一种威胁，我们楚军会死战到底，你们秦军也能这样拼命吗？而让人相信他的威胁与承诺，就是靠他置之死地而后生的“破釜沉舟”策略。

在社会生活和经营管理活动中，人们惯用承诺与威胁作为达到自己目的的手段，收到承诺或者被威胁也是常见的现象。比如有位女生告诉她的男朋友，如果她发现他在和自己交往的同时还和其他女生保持着亲密的关系，就会立刻和他分手，这就是威胁；而她男朋友为了表示自己不会那么做，而向她保证自己绝对是一个对感情专一的好男孩，决不会背叛对她的爱情，这就是承诺。再比如，甲制造企业和乙公司达成了一项市场合作计划，甲企业告诉乙公司，在合作期间，如果在市场上发现乙公司在降价销售甲企业的产品，就会立刻停止供货，不再合作，这就是威胁；乙公司告诉甲企业，他们对旗下的各个销售网点都做了严格的要求，绝对不准私自调价，一旦发现，乙公司就会将该网点的经理开除，这也是一种承诺。如果乙公司直接与甲企业签订一份违约处理协议，这也是一种承诺。

当然，有的时候承诺是不可信的。著名的政治哲学家托马斯·霍布斯（Thomas Hobbes）曾经说过：“信约本身只是空洞的言辞，除开从公众的武力中得到的力量以外就没有任何力量来约束、遏制、强制或保护任何人。”① 并且他认为不带剑的契约不过是一纸空文，它毫无力量去保障一个人的安全。这个观点虽然有些偏激，但却不无道理。因为来自一方博弈参与者的承诺或威胁都是

①[英] 托马斯·霍布斯著，黎思复，黎廷弼译. 利维坦 [M]. 北京：商务印书馆，1985年第1版，第135页.

在另一方博弈参与者进行策略选择之前做出的，这项承诺或威胁对博弈者的约束力越小，那么博弈的这些参与者之间进行合作的可能性就越小。

《史记·孔子世家》记载了这样一个故事：孔子曾经生活在陈国，后来离开了陈国途经蒲地，正好遇到公叔氏在蒲地发动叛乱。蒲地的人就将孔子扣留了起来，不允许他离开。孔子的弟子公良孺召集众人跟蒲人打，打得很激烈，蒲地人害怕了，便提出条件：假如孔子不去卫国，就让孔子离开。孔子对天发誓，保证不会去卫国。于是蒲地人放了孔子。结果，一出东门，孔子就直奔卫国而去。到了卫国后，孔子的弟子子路问孔子："夫子，你对天发的誓言能背叛吗？"孔子说："我当时是被迫立下的誓言，神灵是不会理睬的。"① 这个故事很有意思，孔子有时都会"言而无信"，可以背叛承诺，何况普普通通的芸芸众生呢？

这些不能被相信的承诺，就是"空洞承诺"。这些空洞承诺之所以不会被人相信，就是因为它太廉价。尤其是，如果一个承诺本身不符合承诺者的利益的话，那么我们就不应该指望承诺者会遵守这个承诺。因为作为一个理性经济人，他应该寻求利益之所在。如何判断承诺是不是空洞的呢？在博弈论里有一个基本的原则，就是看参与者的实际行动。

所以我们要记住，廉价的承诺是不可轻信的。比如一个男生对一个女生说"我会爱你一生一世"，如果这个女生相信了这个男生的话，那就很不理性。因为，说一句这样的话是非常容易的事，不需要什么成本，只是嘴上的誓言而已。如果这个男生愿意付出更多的时间与精力去关心这个女生，那么他的承诺就更为可信了，因为他为自己的承诺付出了代价。当然，这不是必然的，所以我才说"更为可信了"。如果他就是一个有钱的花花公子，花了钱，费了心机，也不见得就是真的关心这个女生。那该怎么证明这个承诺可信呢？可以让他选择付出更大的代价，比如订婚或者结婚。

想一想

很多大学在引进年轻教师时，实行"非升即走"制度，你知道该聘任方式的具体含义吗？你认为这是学校的一个承诺还是一个威胁？

①原文为：于是孔子去陈。过蒲，会公叔氏以蒲畔，蒲人止孔子。孔子弟子有公良孺者，以私车五乘从孔子，其为人长贤，有勇力……斗甚疾。蒲人惧，谓孔子曰："苟毋适卫，吾出子。"与之盟，出孔子东门。孔子遂适卫。子贡曰："盟可负耶?"孔子曰："要盟也，神不听。"

那么，请你思考一下，如果一个男生给女生打电话说："亲爱的，你知道我爱你爱得很深，我愿意为你赴汤蹈火，我每天每时每刻都很想见到你，什么艰难险阻也不能阻止我向你靠近。周五下班的时候，如果不下雨，我就一定过去找你！"你会作何感想呢？

如果一些威胁会对发出威胁的参与者自己产生伤害，或者是事实上这样的威胁的成本太高而导致根本无法实施的话，这些威胁就是不可相信的威胁。所以，当发出威胁的博弈参与者选择威胁所宣称的行动策略，对自己并没有好处时，这就不可信了，这叫作"空洞威胁"。比如，一个父亲对自己很淘气的儿子说："你再不听话，我就拧掉你的耳朵！"这样的话就不具有可信性。拧掉了儿子的耳朵，对谁有利呢？对父亲而言没有任何好处，影响了孩子的一生，父亲也要为此背负一辈子的心理成本和经济成本。对孩子而言，这也是一生的不良影响和沉重的心理负担，以及巨大的机会成本。显然这个威胁对整个家庭来说没有任何好处。所以，这个威胁根本不可信。

我来说一件日常的琐碎事情，相信很多人都会遇到。我的儿子四岁了，因为我的工作比较忙，只好请我的父母来帮我照顾孩子。大家都知道，现在的小孩子一般都是被爷爷奶奶宠着的，孙子想吃什么，他们就去做；孙子想要什么，他们就去买；孙子有什么要求，他们都尽量满足。于是问题就来了，我儿子根本不听爷爷奶奶的话。一开始，爷爷奶奶会把他不听话或者恶作剧的"劣迹"告诉我和我妻子。如果我在家，听到爷爷奶奶讲的这些事情，就会气得拉起儿子教训一顿；如果我妻子在家，基本上就是说他几句就完了。时间久了，形成了这样一种状况：儿子只听我的话，因为怕我教训他。所以，当爷爷奶奶再遇到他不听话的时候，如果说："就让你不听话吧，你妈等会就回家，让她说你。"这句话基本起不到作用。但是如果说："你再不听话，我就告诉你爸爸，让他教训你。"这种威胁就比较有效，因为先前的经验让他知道我真的会教训他。

一般来说，不可相信的威胁或者"空洞威胁"只有在参与者是非理性或者理性不足的情况下或许会起到作用。试想一下，一个正常的成年人因为母亲不同意他买一部高档手机就用不吃不喝来威胁母亲，你说能起到作用吗？我想一般是不起作用的吧。但是假如是一位三四岁的孩子因为没有得到想要的玩具就用不吃不喝来威胁父亲母亲或者爷爷奶奶的话，这或许就是可以成功的，因为孩子还没有那么理性。所以，请你谨记，当你平和地要求你年幼的孩子服从你的想法，却被孩子置之不理时，请不要只用脸色，要用行动，而不是空洞的威胁，只有这样才会获得期望的效果。

私奔博弈

相爱却不能相守，恋爱了却不能终成眷属，这是一个自古以来就让无数相爱的人黯然神伤的难题，梁山伯与祝英台便是如此，于是便有了一种无奈的解决方式——私奔。下面我们来看一个有关两个相爱的年轻人的“私奔博弈”。

有一个姑娘爱上了一个同村的小伙子，但是姑娘的父亲明确表示反对，因为他已经托媒人为女儿找了另一个让他十分满意的青年。虽然还没有和女儿商量，但父亲认为这个优秀的青年与女儿十分般配。父亲声称如果女儿不与同村的小伙子断绝关系，他就要与女儿断绝父女关系。这下姑娘为难了，哭了一夜。第二天她决定找恋人商量一下该怎么办。这个小伙子也是个老实巴交的人，一时没有好办法。二人想到了私奔。

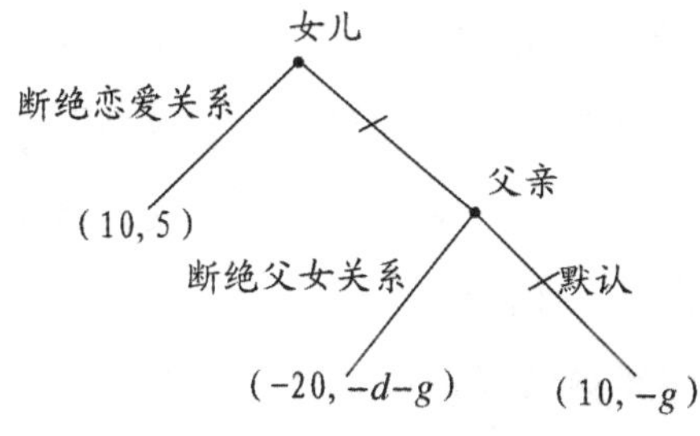

图 5-2　私奔博弈

我们来看一下，如果这个姑娘与心爱的人断绝恋爱关系，她会很伤心，假设其支付为 -10 个单位。而她的父亲应该很满意，因为可以让女儿与他看中的人结婚了，父亲的支付为 5 个单位。

假如姑娘与小伙子私奔，也就相当于成婚吧，此时如果父亲默认了女儿嫁给同村的小伙子的事实，那么这个姑娘就会比较高兴，毕竟有情人终成眷属，虽然经历了一些波折，最终有 10 个单位支付；而姑娘的父亲因为默许了这桩婚事，就无法实现让另一个优秀的青年成为女婿的愿望了，支付为 $-g$（<0）。如果姑娘与恋人私奔成婚了，她的父亲为了面子而断然否认这桩婚事，一定要断绝父女关系的话，那么姑娘因为与恋人成婚了但是也断绝了父女关系，肯定也很伤心，毕竟那是自己的父亲啊，所以她的支付为-20 个单位；当然，姑娘的父亲也很伤心，与自己相依为命多年的女儿不听自己的话，与他人私奔了，而且自己和她断绝了父女关系，所以他的支付为 $-d-g$（$<-g$）。博弈过程如图 5-2 所示，其中括号内的支付为（女儿，父亲）。

对于这个博弈，我们依然采取逆向归纳法来找出博弈的均衡。在博弈的第二阶段，是姑娘的父亲做决策。假如这个姑娘真的和恋人私奔了，作为父亲，面对这种情况，他有两种选择：默许婚事或者断绝父女关系，但是哪种选择更好一点呢？选择同女儿断绝父女关系的话，父亲所得的支付为 $-d-g$，要小于默许这桩婚事所得的支付 $-g$，那么理性的父亲会选择默许这桩婚事。这就回到了博弈的第一阶段，这个阶段是女儿做决策。一个理性的女儿应该知道父亲不会选择断绝父女关系的，而且父亲也知道女儿知道这一点，女儿也知道父亲知道她知道。此时，女儿面对的博弈结果是：如果选择断绝恋爱关系，支付为-10 个单位；如果选择私奔，支付为 10 个单位。很显然，女儿应该选择私奔这个策略。这样一来，博弈的路径就是：女儿私奔—父亲默许。最终的博弈结果是：女儿和相爱的恋人终成眷属，得到 10 个单位的支付，父亲默许这桩婚事，得到 $-g$ 的支付。

如果把上述博弈树转换成前面几章分析中所用的博弈矩阵的话，就像图 5-3 所示的那样。该博弈存在两个纯策略纳什均衡：（断绝恋爱关系，断绝父女关系）和（私奔，默认）。对于第一个纳什均衡，女儿选择同小伙子断绝恋爱关系，父亲选择断绝父女关系。很显然，父亲的威胁事实上是不可信的，这个结果通常不会发生。对于第二个纳什均衡，如果女儿选择私奔，父亲的最优选择也只能是默许这桩婚事，聪明的女儿一般不会理会父亲的这类威胁。

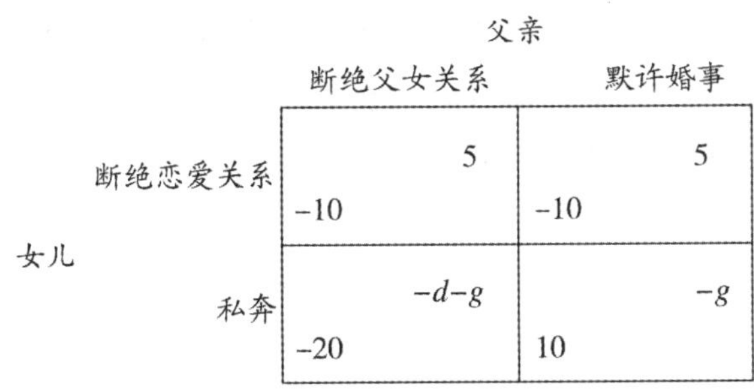

图 5-3　矩阵形式的“私奔博弈”

你看，这又是一出可怜天下父母心的故事。做父亲母亲的，一般不会同自己的儿女断绝关系的，遇到一些重大的事情，他们嘴上虽然会说出一些威胁的语言，但是实际上却宁愿自己受些委屈。但是，我也要提醒读者朋友们，切不可将父母的这种性格特征作为赌注去要挟他们，要懂得为他们考虑一下，不要轻易让自己的父母伤心。

市场进入博弈

在某市的生物制药市场上，有一家企业拥有一项专利，垄断了一种药品的开发和销售，几年以来，该企业获得了不菲的收益，我们将其称为“在位者企业”。而且，在业内的某些交流会上，在位者企业的领导不止一次地说过，如果遇到一些外部的不利因素，他们会降价销售这种药品。但是随着生物科技的发展，一家新的企业也掌握了与在位者企业的药品功能相似的新药的研发技术，这家企业就想进入这个市场，我们称之为“进入者企业”。

进入者企业在做出是否进入这个市场的决策之前，需要充分考量自己与在位者企业之间的博弈。它十分清楚，如果自己选择进入这个市场，或许会遭到在位者企业的打击，毕竟这影响到了目前的市场格局，会使在位者企业的利润大幅削减。当然，如果在位者企业可以允许进入者企业进入市场，两家企业就会在市场上平分秋色，毕竟药品的功能相似。现在的问题就是进入者企业到底该怎么做呢？是进入还是不进入？这成了一个关键问题。在充分进行市场调研的基础上，进入者企业摸清了目前该药品的市场规模，以及市场发展潜力，可能的博弈如图 5-4 所示，其中，括号中的第一个数字表示进入者企业的支付，第二个数字表示在位者企业的支付。最终，进入者企业召开了决策层的干部会议研究这个问题。

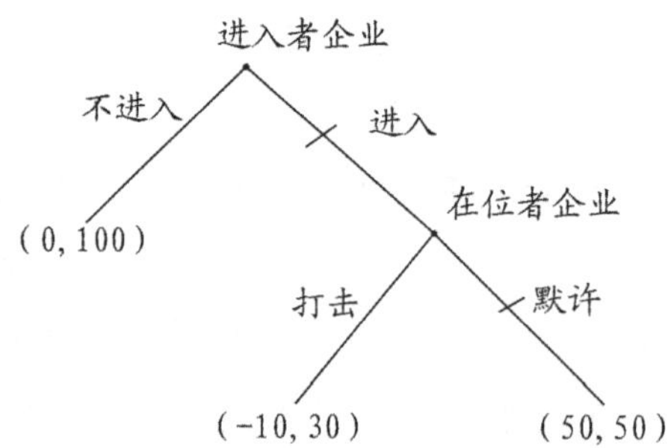

图 5-4　市场进入博弈中的空洞威胁

进入者企业的领导层利用逆向归纳法，分析了这个博弈。如果他们已经进入这个市场，在位者企业会怎么做呢？由于有充分的调研资料作为依据，他们知道在位者企业如果采取降价的方式销售药品，势必使进入者企业入不敷出而投资失败，但是在位者企业销售而会因为降价也受到损失，可能获得 30 个单位的盈利。但是如果在位者企业对此不管不问，相当于默许进入者企业进入市场，那么双方就瓜分了这个市场 100 个单位的容量，各自可以获得 50 个单位的收益。那么，作为理性的决策者，在位者企业应该不会真的采取降价的方式来打击进入者企业。

那么问题就回到了博弈的第一个阶段。对于这种情况，进入者企业的领导层显然会毫不犹豫地选择进入这个市场。因为，进入市场会获得 50 个单位的收益，不进入市场就会失去一切，前期的研发工作也白费了。所以，这个博弈的路径就是：进入者企业进入—在位者企业默许。所以我们可以知道，很显然，在位者企业的威胁是空洞的威胁，根本不会真正起到威慑作用，因为他们的威胁对进入者企业而言是不可相信的。如果进入者企业真的进入市场了，在位者企业选择默许而不是打击更符合其利益诉求。

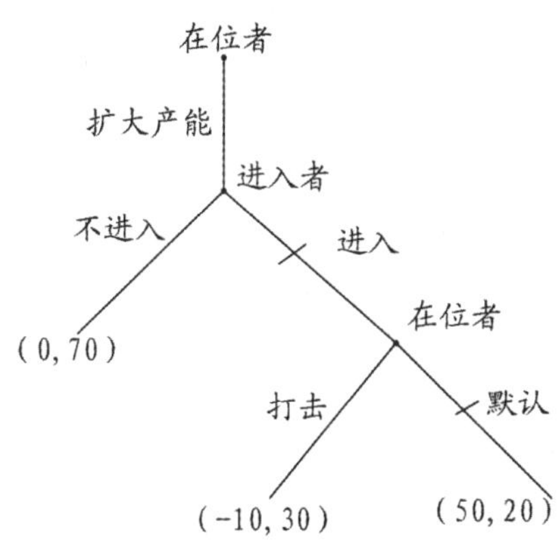

图 5-5　市场进入博弈中的可信威胁

如果进入者企业经过了市场调研以及情报获取之后，发现在位者企业为了进一步开拓市场已经扩大了产能，不仅增加了几条生产线，而且生产效率明显提高，只是现在还没有进行大面积扩张。经过估算，进入者企业的决策层认为，在位者企业的这项投资，会使该企业的单位生产成本降低，但是目前的生产线维护费用每年需要 30 个单位，也就意味着在位者企业的收益目前只有 70 个单位。

此时，进入者企业的决策层知道，如果在位者企业默许他们进入市场，也就不会采用打击手段，两家企业平分市场，但是在位者企业要扣除过剩产能的维护费用，只能获得 20 个单位的收益，而进入者企业则可以获得 50 个单位的收益。如果在位者企业不能容忍这种进入行为，势必会扩大产能，并在市场上实施降价促销，以打击进入者企业。这一方面使进入者企业投资失败，损失 10 个单位的支付；另一方面，会使在位者企业获得 30 单位的收益。此时的博弈如图 5-5 所示。

面对这种情况，进入者企业又要思考到底该怎么做，是进入还是不进入？在第二个阶段的博弈中，对在位者企业而言，打击进入者企业获得的收益要比选择默许进入市场行为获得的收益要好。尽管增加产能带来了每年 30 个单位的运营费用，但是这种投入是值得的，可以使自己的威胁变得可信。所以此时的博弈路径就是：在位者企业扩大产能—进入者企业不进入—在位者企业采取打击策略。进入者企业也能预判到如果进入市场必然会遭到在位者企业的打击，所以他们的选择只能是不进入。

但是我们要认真分析一下这个问题。图5-5反映出的威胁有效是在在位者企业已经进行了投资的情况下发生的。因为投资成为既定的事实，在位者企业最优的策略只能是对进入者企业采取打击策略，因为这样才符合其利益诉求。但是，如果在进入者企业开始想进入该市场的时候，在位者企业还未实质性投资扩大产能，仅仅是在听到这个竞争消息之后才表示要扩大产能以准备打击进入者企业，那么这个威胁是否可信呢？这就要把两个博弈结合起来考虑了。如果不投资，选择默许进入市场行为，在位者企业获得50个单位的收益，如果选择继续投资扩大产能，尽管采取了打击策略，也只有30个单位的收益，那为什么还要投资扩大产能呢？这不是偷鸡不成反蚀一把米吗？很显然，在位者企业的这个投资扩大产能的威胁与其降价销售的威胁其实一样是空洞的，也不足为信。实际上，恐怕此时已经进行的投资扩大产能，也会让在位者企业后悔吧。

当然我们可以这样理解：在位者企业的投资行为就是为了让进入者企业或者潜在进入者企业相信，它的行为“不正常”，即使要花费高额的运营资本，导致收入下降，也要兑现威胁。当然这并不表示该企业的管理者就真的发疯了，而是表示有时候要让别人相信，赚更多的钱并不是唯一目标。如果对手的反常的不理性的举动刚好可以强化他的谈判优势的话，你在决策时就要小心了。所以，有的时候给别人一种不理性的印象反而会有好处。

诉讼博弈

在生活中，人们会遇到这样一类诉讼行为：真的打起官司来，原告几乎不可能胜诉，他的目的其实就在于希望通过私了得到一笔赔偿。如果真的提起诉讼，作为被告需要付出的机会成本可能会比较大，要么是辩护费用比较贵，要么是对被告的声誉造成较大损失。一般情况下，被告都愿意支付一笔可观的补偿以求私了。这种事情往往发生在原告与被告之间明显不对等的情况下，比如原告是一个社会地位较低的人，而被告是一个社会地位很高的人；或者原告企业规模比较小，而被告企业规模比较大。这完全不同于我们前面谈到的市场进入博弈，在那个博弈里，规模大的企业具有优势，可以阻止规模小的企业进入。而在这类博弈里，地位高或者规模大反而成了劣势。我们把这类诉讼称为要挟诉讼。

我们用下面的博弈来说明这个问题。假设你的公司是一家规模很大的食品加工企业，有一位消费者购买了你的公司生产的食品后说自己吃坏了肚子。这时他表示，要对你的公司提起诉讼，他提起诉讼的成本为 c。你的公司收到这个消息后，领导层很重视，为了避免可能扩大的声誉损失，就派专人和这位消费者进行协商。经过协商，这位消费者可以接受私了，但是提出了一个你们无协商余地的赔偿金额 s。这样的话，你的公司该怎么做呢？这个博弈如图 5-6 所示，其中括号内的博弈支付为（原告，被告）。

对你的公司而言，这时就是要决策是否接受原告提出的赔偿金额。如果你们同意了他的要求，那么你们支付给他赔偿金 s，原告除去诉讼成本之外还获得 $s-c$ 的收益。如果你们拒绝了原告的要求，他就会考虑是放弃诉讼还是继续起诉将你的公司告上法庭。假如他意识到这样下去没有好处，而选择放弃诉讼的话，你的公司没有什么进一步损失，原告则在整个过程中支出了 c 的成本。假如原告还是决定对你的公司提起诉讼，他会为此支付 p 的诉讼成本，而对你的公司则会造成 d 的应诉成本支出。这里面还有一个问题：这件事闹到法庭上，谁胜谁负还不一定呢。如果原告胜诉的概率是 y，而一旦他胜诉，法庭就会判你的公司向他赔偿 x。当然，前面说了，这类诉讼原告也许并无实质的胜诉可能，那么 $yx<p$，也就是说原告的期望赔偿小于他起诉的边际成本。

想一想

有人说，“依法行政是政府做出的承诺”，你对此有何看法？

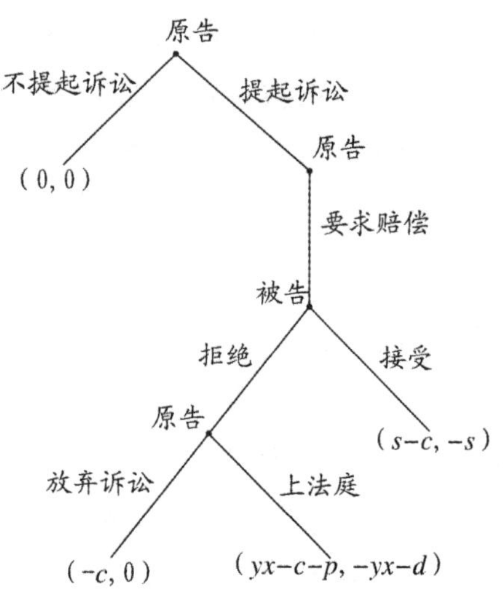

图 5-6　要挟诉讼博弈

经过这些分析，你的公司就可以从博弈的最后一个阶段入手去思考博弈的可能结果。在这个阶段原告要决定是放弃诉讼还是提起诉讼，而原告在这个阶段的支付分别是$-c$ 和 $yx-c-p$。我们知道，原告的目的是庭外私了得到赔偿，并不是打官司争取胜诉的赔付，所以提起诉讼并不是他的目的，那么$-c>yx-c-p$，也就是说，在这个阶段的博弈中，原告会选择放弃诉讼。这个结果你的公司是可以预期到的，那么回到第二个博弈阶段，此时是你的公司要决定是否接受原告的赔偿要求。由于你的公司预判原告会在第三阶段放弃诉讼，于是就会拒绝他提出的赔偿要求。这也就意味着，原告在第一阶段的博弈中提起诉讼并要求私了赔偿的行为没有意义。因为他如果不提起诉讼，什么也不会得到，当然什么也不会支出，但是如果他提起诉讼，最后的结果就是付出$-c$ 的成本。所以在这个博弈中原告的最优策略就是什么也不要做，不要指望能够获得私了赔偿。

在实际生活中，如果要挟诉讼可以发生，那么原告就必须在希望通过私了得到一笔赔偿之外找到一个看似合理的理由，否则就是自我暴露。但是无论他找的理由是什么，都是有问题的，是经不起推敲的。因为，既然原告将承担诉讼费用，那么他就不可能做出可置信的威胁。即使被告的辩护费用 d 大大高于原告的应诉费用 p，这个理由也是有问题的，因为大家可以看到，在博弈的第三阶段中，我们的分析并没有涉及原告和被告的这两个变量间的关系。所以，如果原告真的没有可靠的证据证明自己可以胜诉，仅仅是想借机索赔一笔的话，那就不要浪费精力去做这样吃力不讨好的事了。

但是现实中，总有很多人愿意通过私了解决问题，为什么呢？我们不妨来换个思路分析。首先，假设在上述博弈中，有$-c<yx-c-p$，那么原告就会继续起诉将被告告上法庭。那样的话，被告预料到原告会做出这样的行为，就会在接受还是拒绝原告的要求之间做出决策。其次，假如除了可能败诉导致的赔偿以及应诉成本之外，对被告而言，还有一个外部的声誉损失（不妨设为$-r$）问题，只要这样的事情发生了，不管是胜诉还是败诉，都会给被告带来不利的影响，而且影响还比较大，那么被告就要比较$-s$ 和$-yx-d-r$ 的大小。如果$-s<-yx-d-r$，那么被告自然就会接受原告的要求。这也正是原告所期望的，所以在博弈的起始阶段，原告就会提起诉讼。这样一来，我们就会从中发现一些问题。首先，假如原告也的确掌握了一些重要的证据，而且抱着非要与被告斗到底的态度，同时也愿意花费诉讼成本要争取到更大的赔偿金额。其次，假如被告是一个十分看重或者倚重外部声誉的人，或者说诉讼带来的机会成本是很大的（$-yx-d-r$ 大于或者远大于$-s$），那他就会想办法——当然包括主动提出私下解决争端——尽量避免一切可能的损失，那么被告就不会轻易地拒绝原告的请求，也许息事宁人是他的最优策略。所以现实中有很多人因为有一些不良的行为被别人抓住了把柄而遭到要挟勒索时，不愿意声张而宁可花钱消灾。

小结

本章首先介绍了参与者不是同时出招而是轮流行动的动态序贯博弈，当后一个参与者行动时，很自然地会根据前一个参与者的选择而调整自己的选择，并把自己将来会重新进行优化选择这一点纳入博弈的决策之中。正是博弈参与者的理性预期让那些可能发生但是没有发生的事改变了博弈的结果。在这样的博弈中，行为者往往把自己的利益置于情绪之上，这就产生了一些承诺或者威胁。他们做出承诺时，自然会考虑信守这些承诺对自己是否真的有利；他们做出威胁时，也要想想执行这些威胁是否真的对自己无害。所以，很多时候我们要学着去了解人，不要轻易地相信别人的承诺，也不要轻易地相信别人的威胁，你要弄清楚他们会不会说谎，是不是在说谎。所以，我们在这类附有威胁或者承诺的动态博弈里有一个基本的原则，不是看他所宣称的内容是否可信，而是要看参与者的实际行动是否可信。也就是说，有的时候，你表现得不怎么理性反而会为自己带来好处。要记住：你在进行决策时，要只畏惧可信的威胁，只相信可信的承诺。

基础练习

一、寻找可信的威胁

假设有两个博弈参与者，2 号参与者威胁 1 号参与者说，如果 1 号参与者对他使坏心，他就会对 1 号参与者也使坏心。那么在以下哪些博弈图中，1 号参与者会相信 2 号参与者的威胁？

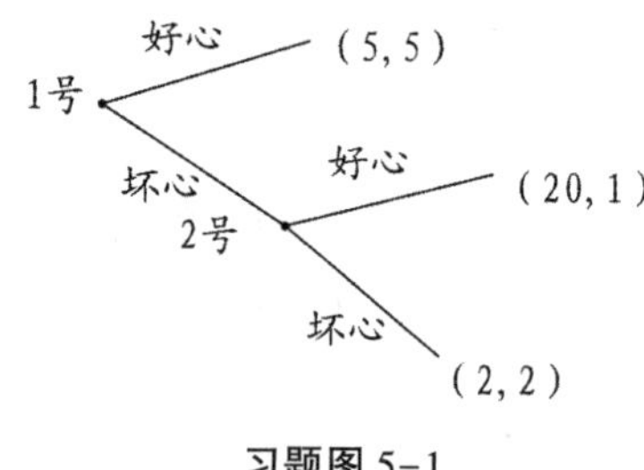

习题图 5-1

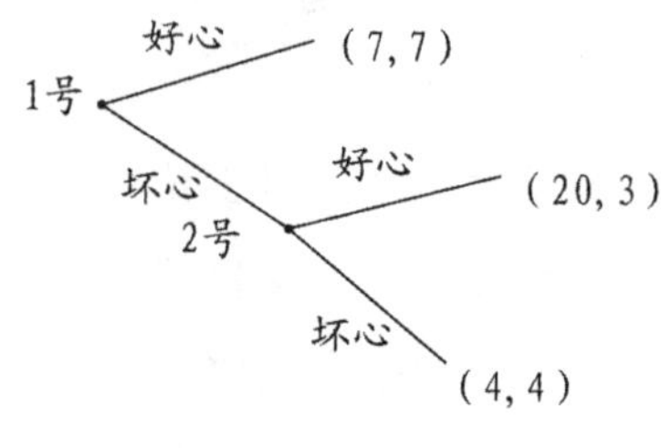

习题图 5-2

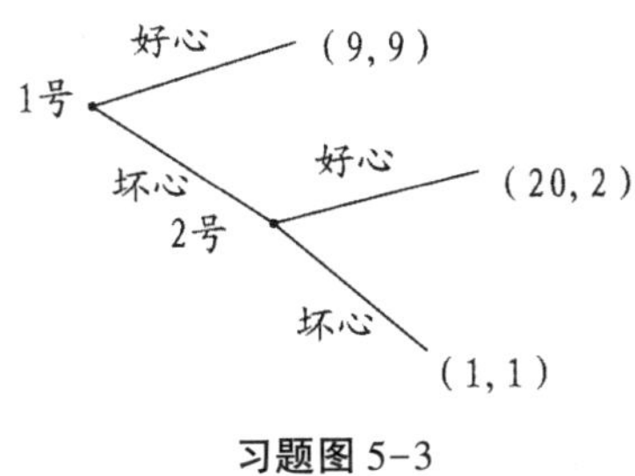

习题图 5-3

二、博弈分析

1. 假设你是公司的管理者，某天有位员工向你提出加薪的要求，但是你既不舍得解雇他，也暂时不想给他加薪，那么你该如何巧妙地回应呢？

2.（1）一个男生给女生发短信说："亲爱的，你知道我爱你爱得很深，我愿意为你赴汤蹈火，我每天每时每刻都很想见到你，什么艰难险阻也不能阻止我向你靠近。周五下班的时候，如果不下雨，我就一定过去找你！"

（2）有一位父亲对自己很淘气的儿子说："你再不听话，我就拧掉你的耳朵！"

请你分析一下这两个场景中的承诺和威胁是否可信。

第 6 章

合作与协调：让决策实现共赢

游戏结果取决于双方对彼此行为的预期判断，而且彼此也知道双方的预期存在互动性。双方必须通力合作，形成默契，找到双方的共识和决定游戏结局的比赛方式。

——托马斯·谢林（Thomas C. Schelling）

电影《鸿门宴》的故事从项羽、刘邦起义开始，后来二人结为兄弟，但却为了楚怀王的“先入咸阳，册封秦王”的约定而生死相搏。双方阵营的谋士范增和张良之间的博弈，将项羽和刘邦之间的水火之仇化为一局剑拔弩张的鸿门宴。鸿门宴上项羽逼刘邦杀死张良，最终却走错致命的一步（看到刘邦真的要杀张良，就自负地就此放过了他），从而让张良开始分化范增和项羽。但是当所有人的命运剧变之时，才发现这场鸿门宴远未结束。最后，一曲楚歌，刘邦击溃了项羽的八千子弟兵，本该是西楚霸王的天下，却成了刘邦的国家。

一群昔日英雄，一顿鸿门饭局，一场治世奇谋，一个无奈结局，谁输谁赢？正应了范增在被张良离间之后黯然离去时说的那句话：“有一种棋局叫两败俱伤。”

本章将向大家讲述有关合作和协调的决策问题。如何通过充分协调的方式将不同行动的行为预期转变为合作？如何通过形成合作的解决方案将两败俱伤的棋局变为双赢的格局？

斗鸡博弈

暮色已近，两只山羊——咩咩和唛唛——相向而行，都要回自己在河对面的家，但却僵持在一座独木桥上。此时，两只羊都在犯嘀咕：“俺该咋办呢？淡定，淡定！我想一想。我显然有两个行动选择：一是退回去，二是硬往前走。他肯定也是一样的选择。那结果就会有四种可能：一是两只山羊对峙，谁也不让谁，我和他打起来。这种结局很不好，可能最后我们俩谁也回不去，打得头破血流，两败俱伤，说不定还会掉下河去，这是谁也不愿意发生的事。二是我们俩互相退让，都给对方让开一条路，这显得我们俩都好有绅士风度哦。还有两种可能就是一退一进，要么我让要么他让。但谁退让谁就会有所损失，或者丢面子或者白白消耗体力。如果这家伙和我一样，都是犟脾气，我不愿退回去，他也不愿退回去。这该怎么办呢？”这个博弈就是山羊博弈，通常也被称为斗鸡博弈（chicken game），如图 6-1 所示。

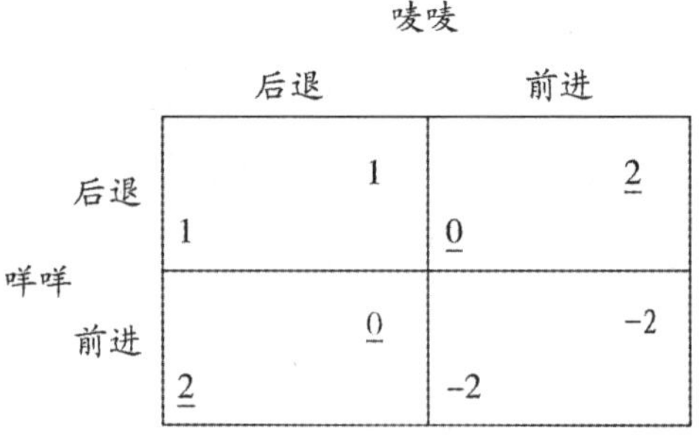

图 6-1　山羊博弈

想一想

斗鸡博弈说明，许多时候，“认怂”也是一种智慧，你认同吗？

我们利用下画线法分析一下这个博弈，可以得到两个纯策略均衡：(前进，后退）和（后退，前进)。然而这个结果存在非对称性的缺陷：参与者无法预测博弈出现的均衡到底是哪一个，无法了解到底是谁进谁退、谁输谁赢。即使它们在博弈之前相互通气，我们也很难解释为什么会出现不对称的结果。前面介绍过纳什均衡的奇数定理，那么在这个博弈里面已经有两个纯策略纳什均衡，是否还存在一个混合策略纳什均衡呢？我们利用前面介绍过的参与者的反应性方法来计算一下就可以得到：唛唛的混合策略是（2/3，1/3)，咩咩的混合策略是（2/3，1/3)，即都会以2/3的概率选择后退，以1/3的概率选择前进。这样的话，两只羊都会以相等的概率选择混合策略。于是可以知道，两只羊互不避让的话，这个时候，它们有1/9（1/3×1/3）的概率遭遇一场“羊羊大战”，都身负重伤。如果它们不正面斗争的话，或一方退让或两方退让，就有8/9(1-1/9）的概率不会负伤。

在现实生活中，这样的事例太多了。2015年爆发的滴滴与Uber之间的市场竞争就是一个典型的斗鸡博弈。在这个博弈中，双方在胜负暂时难分的情况下最终选择了协调合作的方式，2016年8月1日，滴滴宣布与Uber全球达成战略协议，Uber中国的业务将交由滴滴运营，Uber全球将持有滴滴5.89%的股权，相当于17.7%的经济权益。我多次在上经济学课的时候和学生探讨过这样一个问题：“为了争夺中国市场，滴滴和Uber长期肉搏，双方以几乎疯狂的姿态对每个出行订单进行补贴，他们明知这是一种恶性竞争，为何还要这样不惜代价斗下去呢？”下面，我们就来分析一下这个博弈决策行为。

如果把滴滴、Uber两家公司的立场分别简化为两只羊那样的

“进攻”和“避让”，但因为双方资本以及规模不平等，加上 O2O 商业模式对司机、乘客及对社会的影响，两家公司的收益及损失必然不同，是非零和博弈。该博弈的结果就有四种可能，具体如图 6-2 所示。

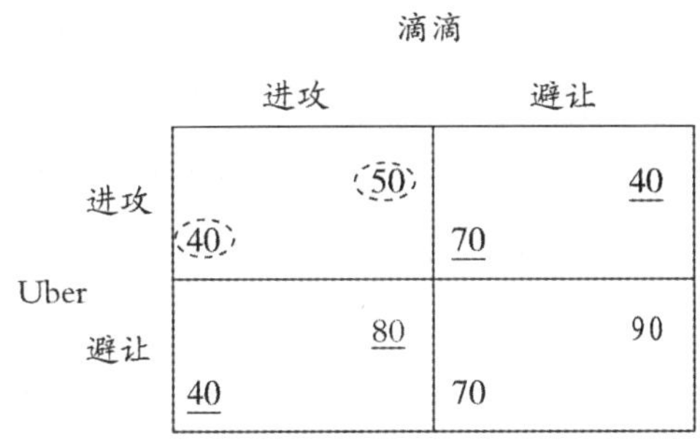

图 6-2　滴滴与 Uber 博弈

滴滴“进攻”，Uber“避让”，如矩阵的左下框所示。此时的滴滴可以通过大量发放补贴扩大市场份额稳固自己的市场地位，并借此机会实施扩张战略而获得收益，而 Uber 不实施补贴策略的避让行为虽然减少经营风险，然而很有可能丧失有利的竞争时期，甚至彻底改变中国专车市场的格局。这样，滴滴得到 80 个单位的支付，Uber 得到 40 个单位的支付。

滴滴“避让”，Uber“进攻”，如矩阵的右上框所示。Uber 作为一家进入中国市场不久的公司，对司机补贴可以让更多的车辆上路，降低出行成本，对乘客补贴可以让订单量增多并提升乘客的使用依赖度。而滴滴不实施补贴策略的避让行为虽然保存了实力，但其市场份额将在短时间内被 Uber 迅速夺走。因此，滴滴得到 40 个单位的支付，Uber 得 70 个单位的支付。

滴滴和 Uber 均选择“进攻”，如矩阵的左上框所示。资本大战爆发，短期内分出胜负，滴滴占优，抢占到更多的市场份额。Uber 也因为参与这场“肉搏”得到一些市场，并因两家公司疯狂补贴使乘客获利最多赢得一定赞誉，但是毕竟因为自身的市场份额基础较弱而被滴滴打压下去。滴滴得到 50 个单位的支付，Uber 得到 40 个单位的支付。

滴滴和 Uber 均选择“避让”，如矩阵的右下框所示。虽然在短期内两家公司同样选择了补贴策略，然而从长期来看双方都付出了沉重的代价并且很难在短期内间分出胜负，据英国《金融时报》报道，为争夺在中国市场的优势地位，滴滴和Uber一年内花费了超过10亿美元。然而投资人入局是为了获利的，所以双方经过多次协商才达成停止补贴、合并公司且谋求上市的战略。虽然表面看来，Uber被收购，然而他并不是彻头彻尾的输家，毕竟Uber的创始人和投资人都大赚了一笔。因此，这样的结果是滴滴得到90个单位的支付，Uber得到70个单位的支付。

经过分析，我们知道，这个博弈的均衡应该是（进攻，避让）和（避让，进攻）。但是实际上的结果并非如此，而是双方展开了网络混战。从结果上看，虽然这不是一个很好的选择，两公司因激烈竞争而两败俱伤，但是对双方而言也可能是一个最好的结果，因为斗争也是一种“造势”，“造势”是为了今后的长远发展。最后，Uber似乎明白了，就在中国市场与滴滴竞争这件事而言，与其拼尽全力依然只能屈居亚军，还不如变通一下共同分享成为冠军的喜悦呢。于是，这家硅谷巨擘选择了退出。

因此，在滴滴和Uber的这场类似“斗鸡博弈”的大战中，双方不仅要考虑博弈本身的策略，还要考虑其他有关的一切因素，站在他们自身的角度看，最优的选择就是双方都选择进攻，利用手上的一切资源，包括用户基数、政府关系、使用者黏性、舆论关系，迅速行动，开发新产品，多方面施压，快速压制对手。所谓“成者为王，败者为寇”就是这个道理。

其实，在这样的博弈中，要想取胜，就要在气势上压倒对方，至少要显示出破釜沉舟、背水一战的决心来，以迫使对方退让。但到最后的关键时刻，必有一方要退让下来，除非真正抱定鱼死网破的决心。但如果把自己放在对方的位置上考虑，前进的一方就应该给予退让的一方补偿，只要这种补偿与损失相当，就会有愿意退让者。

情侣博弈

有这样一对热恋中的情侣，不妨就称为男方和女方，他们都是工作繁忙的公司主管，今年的 2 月 1 日是他们认识一周年的纪念日，上午他们俩约好一起度过一个美丽的夜晚。然而两人见面后却为晚上如何度过争执了起来。因为，很巧合的是，晚上在大田湾体育场有一场足球比赛，男方很想去看比赛。而同时，在奥体中心也有一场周杰伦的演唱会，这正是女方喜欢的，她很想去。双方一时半会争执不下。这就是情侣博弈，也称为恋爱博弈，正式名称为“性别之战”（battle of sex）。

说起来很抽象，我们不妨用前面介绍过的博弈支付矩阵来做一番定量分析。假设男方看足球赛的满意程度为 1 个单位，而听演唱会的满意程度为 0 个单位；女方听演唱会的满意程度为 1 个单位，而看足球赛的满意程度为 0 个单位；两人在一起，或看足球赛或听演唱会，满意程度都会因为今晚共度周年纪念日的时光而各自提高 1 个单位。当然，如果双方没有在一起参加活动的话，就会因为错过了这个周年纪念日而各自损失 1 个单位的满意程度。对此，可以得到如图 6-3 所示的博弈矩阵。

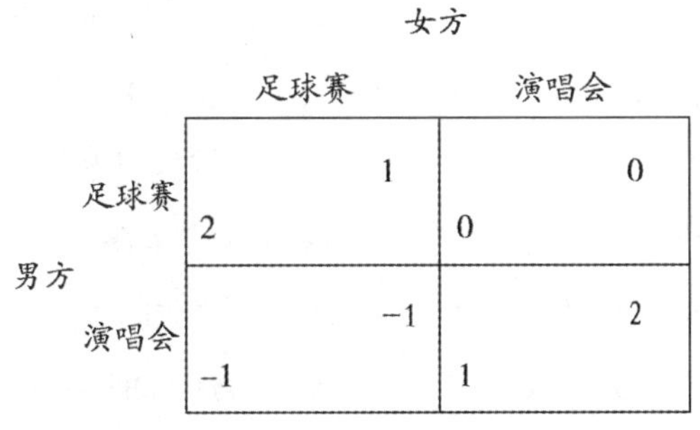

图 6-3　情侣博弈

很显然，男女双方的纯策略纳什均衡是（足球赛，足球赛）和（演唱会，演唱会），即二人都去看足球赛，或者都去听演唱会，这两种情况达到了该博弈的纳什均衡。这个博弈还有一个特征是，就每一个参与者都不存在优势策略，因为不管是男方还是女方，都会发现自己的最优策略取决于对方的选择。如果男方选择看足球赛，那么女方选择看足球赛的满意度最高；如果男方选择听演唱会，那么女方选择听演唱会的满意度最高。给定女方的选择，男方的策略选择同样如此。另外，这个博弈的两个纳什均衡点都达到了最优的结局。当处在两个纳什均衡点时，如果男方或女方改变他们的策略选择，结果是双方都不满意。

很明显，尽管情侣博弈中的两个纳什均衡都是有效率的，但这个博弈的不确定性却导致可能发生低效率的情况。如果男女双方见面后，考虑到时间紧迫，且双方没有协商一致，可能会出现单独决定自己的行动的情况，男方去看足球赛，而女方去听演唱会，双方虽然都参与了自己喜欢的活动，但却没有在一起共享这个夜晚，最后各自获得 0 个单位的满意度。更糟糕的情况是，男方和女方都很尊重对方意见，于是各自去做对方想做的而自己不想做的事，这时男女双方各自获得-1 个单位的满意程度。当然，在现实中，严重一点的话，如果男女双方见面后会为此争吵，且彼此互不相让，那么只好各自回家，甚至闹出分手，这样的事情不在此博弈考虑范围内。

当然，作为热恋中的情侣，应该姿态放高一点，以显示自己对对方的感情。比如，男方知道女方喜欢听演唱会，就可以对她说："亲爱的，我知道这是你期盼已久的演唱会，我们今晚去听吧，过一个有意义的周年纪念日。"这样的话，估计会让女方深受感动，二人的感情也会加深。所以，对于此类问题，如果姿态放高一点，多为对方考虑一下，也是一个很好的决策出发点。

我们再来看一下，这个博弈是否有混合策略纳什均衡呢？经过简单计算，可以得出男女双方的混合策略都是（1/4，3/4），即 25%的概率选择看足球赛，75%的概率选择听演唱会。如果二人按照这个混合的策略做选择的话，显然这个博弈可以达到均衡。为了改变这个博弈中存在非对称性的缺陷，如果在二人有一方先做选择，则可以将一个模糊的策略改变为清晰的纯策略，或许会引起博弈均衡的转变。

常言道：先下手为强。情侣博弈的结果在大多数情况下会体现先动优势，即先采取行动的一方会占据一些优势，获益多一些。

比如，在两人还没有商量晚上具体安排的情况下，男方先打电话给女方说："亲爱的，我最喜欢的足球队今晚在大田湾体育场比赛，我们一起去看好不好？"他们是热恋中的情侣，既然男方已经抢先一步提出去看足球赛，女方还会坚持要去听演唱会而扫恋人的兴吗？一般不会。反过来，如果是女方先打电话给男方说，想让他一起去听演唱会，男方通常也不会驳女方的面子而自私地非拉她去看足球赛不可。你说是吧？

如果其中有人觉得打电话要求还不能保证效果，那么可以干脆将"先下手为强"做到底。比如，男方直接买了两张足球赛的票，然后打电话告诉女方："亲爱的，我最喜欢的足球队今晚在大田湾体育场比赛，为了让你也领略足球的魅力，我买了两张票，你和我一起去吧。"你说，这种情况下，女方还能拒绝吗？毕竟一张球票价格不菲。而如果女方先买了演唱会的票再告诉男方，效果也是一样的。

假如，男女双方之中有一方比较强势，比如女方有很多追求者，就会对男方造成无形的压力。那么女方可以告诉男方："我们晚上去听演唱会吧，我们公司的郑军约了我两次我都没去。"你说，这时，男方还会坚持自己想看足球赛的想法吗？同样的，男方如果英俊潇洒又才华横溢，女方也感受到来自他身边的女性朋友的压力，那么男方说："我们晚上去看足球赛吧，我们公司的于婕下午还问我呢。"女方还会不愿意去吗？当然，这样既不先买票，又要达到最佳效果的策略，是需要一定条件的，那就是双方的条件或优势不对等，会让一方感受到明显的压力。

总而言之，社会交往、商业谈判也好，企业经营、政治协商也罢，都需要一种决策艺术。这种决策的成功并不是消灭冲突，而是如何有效地协调解决冲突，需要把双方协调到均衡。不然的话，或者相互谦让，或者相互拆台，都不是很理想的情况。因为我们不可能生活在一个没有冲突的世界里，所以更应该协调处理好这类问题，可以通过默契（主动谦让）或者强势行动（先下手为强）来解决。上述恋爱中的情侣博弈就是一个很好的启示。

想一想

情侣博弈说明了"先下手为强"，率先行动就掌握了先发优势，就能在博弈中获得胜利，是这样吗？

智猪博弈

某个猪圈里养有两只猪，一只个头比较大，另一只个头比较小，不妨将它们称为大猪和小猪。假设这个猪圈比较大，猪圈的左边有一个踏板，右边是投食口，安放有一个食槽。如果一只猪在猪圈左边踩一下踏板，在猪圈右边的投食口就会落下10个单位的猪食进入食槽内，但是不管哪只猪去踩动踏板后再跑到食槽那边去进食，都要付出相当于2个单位猪食的劳动成本。很显然，因为猪圈比较大，所以如果有一只猪去踩踏板，另一只猪就有机会抢先吃到另一端落下的食物。当小猪踩动踏板之后，大猪会在小猪跑到食槽之前吃掉9个单位的食物，等小猪气喘吁吁地跑到食槽这边，只能吃到1个单位的食物；若是大猪踩动踏板，小猪可以吃到4个单位的食物，大猪还有机会吃到剩下6个单位的食物。而如果两只猪都同时去按动按钮，然后再跑回来抢食吃，那么大猪可以抢到7个单位的食物，小猪可以抢到3个单位的食物。这就是“智猪博弈”（boxed pig game）描述的现象。我们将这两只猪之间的博弈矩阵表现为图6-4所示。现在的问题是：两只猪分别应该采取什么策略呢？博弈均衡是什么呢？我们又能从中得到什么有价值的理念和启示呢？

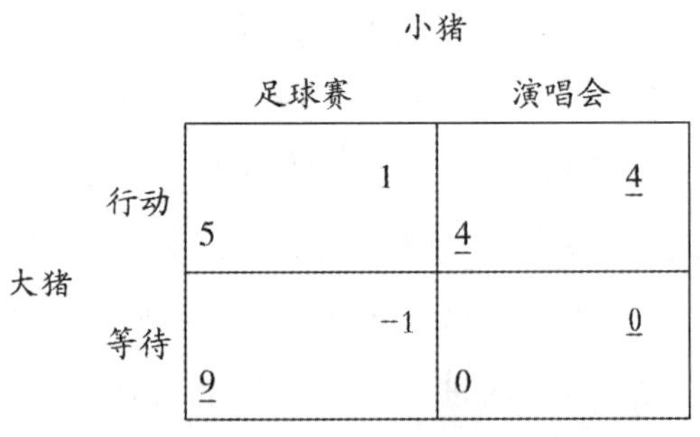

图6-4　智猪博弈

根据图6-4所示的博弈矩阵可知，这个博弈的均衡策略是（行动，等待），即大猪去踩踏板，小猪守候在食槽旁等吃的。因为小猪踩踏板可能一无所获，不踩踏板反而能吃上更多的食物，所以对小猪而言，无论大猪是否踩动踏板，自己不踩踏板都是最好的选择。反观大猪，尽管它知道如果小猪去踩踏板，自己会得到最好的支付，但是它也知道小猪是不会去踩动踏板的，那么，自己亲自去踩踏板总比不踩强吧？所以大猪只好亲力亲为了。所以在这个博弈里，小猪将选择“搭便车”的策略，就是舒舒服服地等在食槽边；而大猪则要为了获得好的收益而辛苦地踩踏板，然后再去吃小猪剩下的食物。如果每天都如此，那么大猪就要奔忙于踏板和食槽之间，而小猪则很悠闲地在食槽边等吃的。

在这个博弈中，大猪代表了一个实力比较强的群体，而小猪代表了实力比较弱的群体。博弈的结果是竞争中的小猪（弱者）应以等待为最佳策略。像小猪一样，知道如何利用他人的努力来为自己谋求利益的博弈参与者是这种博弈中最大的受益人，因为他不必付出什么劳动就能获得自己想要的东西。现实中，许多人虽然并未读过“智猪博弈”的故事，但却在自觉地使用小猪所采取的策略：股市中有一些散户，他们希望的事情就是等待庄家进入并拉升股价；市场中有一些游资，他们总是在等待市场上出现具有赢利能力的新产品，然后大举仿制牟取暴利；公司里也难免会有一些本身不创造业绩或者效益但却要分享经营成果的人，等等。当然，这些“小猪”们要思考的关键问题就是如何让博弈对手心甘情愿地按照自己的期望去行动。

在现代社会的职场中，在一起工作时间久了的同事，就会对彼此的行事方式和能力强弱一清二楚，逐渐形成了“大猪”和“小猪”的阵营。踏实勤奋的“大猪”们知道有心计的“小猪”们会投机取巧，坐享其成；这些“小猪”们也知道“大猪”们或碍于面子或出于责任心，愿意主动完成工作任务。基于这样的这样考虑，“小猪”们当然会坐在一旁，逍遥自在地看着“大猪”们忙前忙后。等领导安排的各项工作任务完成之后，“大猪”们的确为此付出了很多心智和劳动，但却没有得到相应的回报；“小猪”们装模作样，报酬一分也不会少拿，享受了“大猪”们带来的好处。因此，当我们面对着竞争激烈的职场，身处多方利益博弈的圈子中，一个比较好的职场生存法则就是：既要做老实勤奋踏实肯干的“大猪”，也要学会适时地做头脑灵活懂得取巧的

“小猪”。

上述小猪的等待行为就是美国经济学家曼柯·奥尔逊（Mancur Olson）于1965年提出的“搭便车问题”，其基本内涵是不付出成本而坐享他人之利。这样的例子在生活中比比皆是，比如：在美国五大湖旁边有很多灯塔，这些灯塔并不是由船运公司兴建的，但是船运公司的船却同样可以享受照明和指示服务；一个国家中的高收入者会支付高额税收，但是那些不纳税或者低税收贡献者能享受医疗和教育等福利；你很想去某个景点游玩，但是一直没有机会去，正好你的同事要开车前往，你就坐着他的车一起去了那个景点……这些都是“搭便车”的例子。上述职场中的投机取巧的“小猪”们也是搭了踏实勤奋的“大猪”们的便车。

因而，对于那些在企业经营管理中制定各种游戏规则的人而言，深谙“智猪博弈”中的道理就很重要了。因为这个博弈中呈现出来的“小猪等着大猪踩踏板”的现象正是由这个博弈故事中的游戏规则所导致的。对于社会而言，因为“小猪”们未能参与竞争，“小猪”们“搭便车”时的社会资源的配置其实并不是最佳状态。为使资源得到最有效配置，游戏规则的设计者——不管是政府机关还是企业的老板们——本身是不愿意看见有人“搭便车”的，都希望人尽其用，而能否完全杜绝“搭便车”现象则是一个很值得费神的问题了。关键就要看游戏规则的核心指标，也就是每次踩踏板的消耗（其实也就是踏板与投食口之间的距离）、每次落下的食物数量设置得是否合适了。如果改变以后不会再出现猪圈里“小猪等着大猪踩踏板”的现象就是一个完美的方案了。

想一想

很多时候，市场中的大企业往往舍得把资金投入到创新上，而小企业往往喜欢跟在后面等待机会，这是因为小企业缺少创新精神吗？

这里，本书不妨给出一个可能的方案——减量移位，也就是说每次的投食量仅是原来分量的一半（5个单位），同时将猪圈的投食口移到踏板附近（不必因为踩踏板而消耗2个单位的体力）且食槽设计得要比较狭窄，不能同时容下两只猪进食。这样一来，坐着等待的猪就不能吃到食物，而主动劳动（踩踏板）的猪就可以吃到食物，而且因为每次投食量减少，无论大猪还是小猪，它们踩踏板所获得的食物都可以被自己吃完。这样的结果就是小猪和大猪都在拼命地一边踩踏板一边扭头吃食物。所以，对于规则设计者而言，这是一个可行的方案，成本不高，而收获最大。读者也可以自己试试分析一下其他可行的方案，看看哪一个效果更好。不管如何设计方案，目的就是促进效率提升，削弱或者消除“搭便车”的行为。

如果你是一个组织的管理者，又想减少目前存在的一些员工“搭便车”的现象，那就不妨试试改变一下相关制度规则及其考核指标。

交通博弈

在日常生活中，我们都知道，按照国内的交通规则，不管是开车还是步行都应该靠右行。这里面其实还有很多故事。从历史发展来看，许多交通规则一开始并不体现为法律，而是长期发展演变而成的。在欧洲，道路行走规范最初是非常地方化的，有些地方习惯靠左走，有些地方习惯靠右走，并不统一。只是随着道路的增加和地区间交流的深入，地方性习惯才逐渐演变为区域性的规范。直到 19 世纪前，道路规则也只是作为规范而得到遵守，而并非作为交通法律而得到执行。现在欧洲实行的靠右走的规则，最早兴起于法国。在法国大革命以前，贵族的马车习惯上是靠左行的，穷人在路上看到富人的马车来了就要站在马路的右边。因此靠左行与特权阶级相联系，而靠右行被认为更民主。法国大革命之后，政府规定所有的车都要靠右走。随着拿破仑在欧洲大陆的扩张，法国的规则也传到了欧洲其他国家，其中就包括靠右行的规则。从地域上看，这个规则的转变是从西到东逐步完成的。比如，与靠右行的西班牙接壤的葡萄牙是在第一次世界大战之后才转为靠右行的，奥地利则是从西到东一个省一个省逐步转变的，匈牙利、捷克和德国等是在第二次世界大战前才由靠左行转为靠右行的。瑞典一直到 1967 年才通过颁布法律从靠左行改为靠右行。

假设在一条路上有相向而行的两个人，甲和乙，如果都靠左行或者靠右行就不会相撞，各自获得 1 个单位的支付，但如果两个人之中有一个靠左行而另一个靠右行，那么他们就可能走起来不方便，甚至发生碰撞，各自获得0个单位的支付，这个博弈的支付矩阵如图6-5所示。

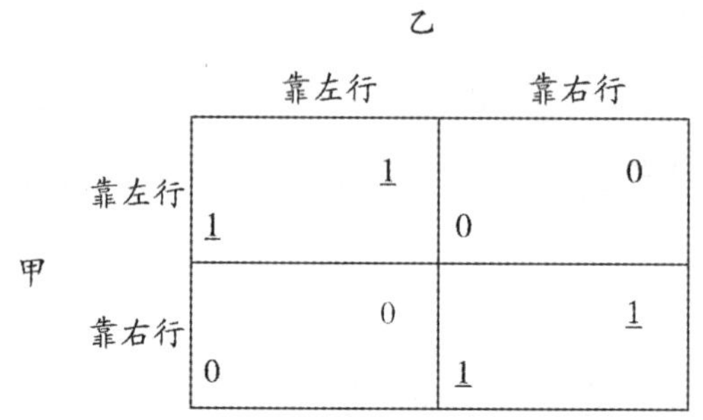

	乙：靠左行	乙：靠右行
甲：靠左行	1, 1	0, 0
甲：靠右行	0, 0	1, 1

图6-5　交通博弈

经过分析可以知道，这个博弈有两个纯策略纳什均衡（靠左行，靠左行）和（靠右行，靠右行），以及一个混合策略纳什均衡（50%，50%）。在做出策略选择时，每个参与者唯一需要关心的就是对方选择靠左行还是靠右行，并据此做出自己的选择。在这里，只要给定对方的选择，参与者就没有动机偏离均衡策略；如果不给定对方的策略，参与者就只能通过协调来实现均衡。从图6-5所示的博弈支付矩阵中可以知道，参与者其实并不需要考虑该博弈的支付及相关策略的风险性，博弈的最终结果，即到底是哪一个均衡，完全取决于参与者之间是否选择了相同行动的预期，也就是说二者之间的行为协调是非常重要的。

很显然，在这个交通博弈中，每个参与者的策略问题是：他希望和他的对手就策略选择问题进行协调，因为不管对手如何选择，他们之间进行协调的结果总是最好的。这类博弈就是协调博弈（coordination game）。而且上述交通博弈是一个对称协调博弈，这是一种特殊的博弈，均衡的选择不仅要满足参与者预期的一致性，而且要满足参与者行动的一致性，因此，博弈结果必定收敛到纯策略而不是混合策略纳什均衡。对此，阿马蒂亚·森（Amartya Sen）在1967年发表的论文中，将一个协调博弈称为"信心博弈"，并指出，协调博弈与"囚徒困境"博弈刚好相反，每个参与者选择策略A或策略B，仅仅需要确信对方也会相应地选择策略A或策略B。他们不像合作博弈那样需要一个有约束力的契约之类的东西，而更需要在彼此之间建立一种相互信任的信心。

现在我们来思考这样的问题：在交通博弈中，大家每天都要出门行走，时刻都要遇到这样的问题，即所有的参与者之间都要进行重复的博弈，那么为何不建立一种规则体系呢？同时，这类协调博弈的均衡往往具有不确定性和多样性，即哪一个均衡所确立的规则将被选择具有随机性，那为何不明确其中的一种供大家共同遵守呢？对此，我们不难想象，与其在每次出现这类问题时都去尝试用协调的办法去解决这个博弈，远不如在行为人之间建立起某种行为或惯例这样一种稳定的均衡模式，或者是（靠左行，靠左行），或者是（靠右行，靠右行），从而使得参与者在此后遇到类似问题时都可以加以遵循，而不需要反复支付信息成本和交易成本。但不管怎样，只要有一种行为模式或者规则体系被广泛接受，并被自觉遵守，就可以形成一种具有约束力的习俗或秩序，并且这将有助于包括所有社会或群体成员，避免在以后类似博弈中无效率的非均衡收益。

下面再看一个关于交通制度设计的博弈。每年有很多人因为交通事故丧生。主要的原因之一就是有一部分不遵守交通规则的行人或者车辆竞相抢行，缺少礼让的行为规范。假设你是一个行人，要过人行道，同时还有一辆汽车要过十字路口。如果汽车司机礼让，你也礼让，你们相互得到尊重且最终都可以通过，各自可以获得 7 个单位的支付。但是如果汽车司机礼让，而你不礼让的话，你就占了便宜，抢了通过的先机，获得 9 个单位的支付，而对方只获得 1 个单位的支付。如果你礼让而汽车司机不礼让，那么汽车司机获得 9 个单位的支付，你获得 1 个单位的支付。如果你们都不礼让而相互抢行，那么都将获得 2 个单位的支付。这样就形成了一个“囚徒困境”博弈。你不妨自己给出这个博弈的支付矩阵，博弈的均衡就是大家都不礼让，即（抢行，抢行），因为抢行是优势策略。但是结果是造成了交通的混乱，交通伤亡数量也增加了。

面对这种情况，我们该怎么办呢？如何避免可能形成的“囚徒困境”呢？建立一套制度规范吧。首先，可以禁止汽车抢行，一旦发现就吊销司机的驾照，并且五年内不准再申领。但是这还不够，因为一旦汽车被禁止抢行，那么行人就会变得更加有恃无恐，所以也要惩罚行人，规定抢行的行人将被罚款 1 个单位的支付。我们不妨分析一下这个新的博弈，如图 6-6 所示为带惩罚制度的交通博弈。

因为出台了这个惩罚制度，汽车在遇到行人的时候，不准抢行，只能礼让，那么我们先在博弈矩阵的下半部分画一条横线，表示这是一条强制性规定。那么博弈实际上就是在该矩阵的上半部展开的。我们再看，行人也不能随便抢行了，因为抢行会受到处罚，只能获得 6 单位的支付。所以，这个博弈最终的均衡就是（礼让，礼让），即实现了大家都遵守规则的一种均衡。当然，这个好的结果是靠制度约束实现的。如果有一天，所有人都自觉地形成了一种行为规范和良好的社会责任意识的话，就实现了交通中相互礼让的局面。相信到那时，交通事故的发生率就会大幅下降了。

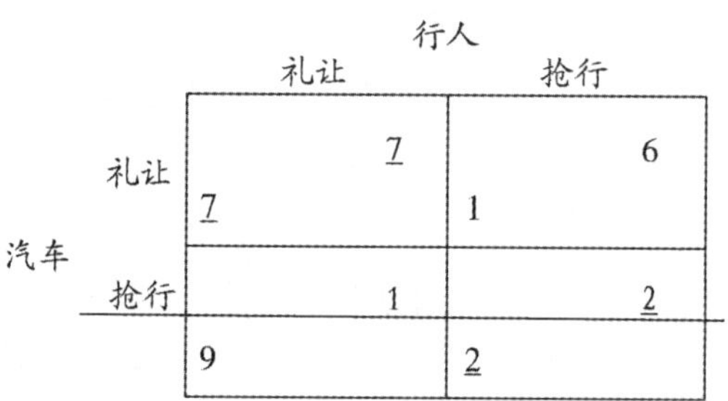

汽车 \ 行人	礼让	抢行
礼让	7, 7	1, 6
抢行	9, 1	2, 2

图 6-6　带惩罚制度的交通博弈

猎鹿博弈

下面再来看一个著名的猎鹿博弈。有两个猎人，他们生活的环境中只有鹿和兔，他们可以合作去猎鹿（因为鹿的个头比较大，需要两个人合作才能成功），也可以单独去猎兔。如果合作猎鹿，那么两个人都可以分得 10 个单位的支付；如果一个人去猎鹿而另一个人去猎兔，那么前者获得的支付为 0 个单位，后者获得的支付为 4 个单位；如果两个人都去猎兔，那么他们都可以得到 4 个单位的支付。该博弈的支付矩阵如图 6-7 所示。

甲 \ 乙	猎鹿	猎兔
猎鹿	10, 10	0, 4
猎兔	4, 0	4, 4

图 6-7　猎鹿博弈

在这个博弈中，如果双方愿意合作，那么甲和乙的最优行动选择就是合作，大家一起去猎鹿，这显然比一起去猎兔要好得多。如果一方不愿意合作，那么另一方最好的选择就是独自去猎兔，因为独自去猎鹿是白费功夫，将一无所获。经过对该博弈矩阵的分析，我们可以知道，这个猎鹿博弈有两个纯策略纳什均衡（猎鹿，猎鹿）和（猎兔，猎兔），以及一个混合策略纳什均衡（2/5，3/5）。而且，我们还可以看出来，这两个纯策略纳什均衡存在着严格的优劣关系，（猎鹿，猎鹿）显然帕累托优于（猎兔，猎兔）。这个博弈均衡的选择不仅依赖于每个参与者对其他人是否选择相同行动的预期，而且依赖于参与者对风险与支付的态度。在这里，猎兔策略（猎兔，猎兔）是一个保守的策略，猎鹿策略（猎鹿，猎鹿）则是风险占优的。当然，由于行动结果的不确定性，猎鹿策略具有较大的风险。所以，在这个博弈的均衡选择中涉及的行为预期、风险大小和收益高低都是非常重要的因素。

通过前面的分析，我们知道，协调是处理博弈活动之间相互依赖的一个过程。但是对于有些情况，如果博弈的支付发生了变化，也许协调博弈就变成了“囚徒困境”博弈了。一般而言，我们平时说的互动有两种形式。

想一想

你觉得“囚徒困境”和协调博弈之间有何区别？

其一是协调。协调是指一个参与者获得的支付依赖于其他参与者是否选择了相同行动，如交通博弈的靠右行还是靠左行，如果两个相向而行的参与者选择不同的方向行进，那么他们会相撞，而选择相同方向进行则可以顺利通过。

其二是合作。合作是指既存在协调又存在冲突的博弈。存在协调是因为两个参与者同时改变行动策略可以变得更好；存在冲突则是因为尽管其他参与者获得承诺选择某一个行动，也不一定有利于该参与者获得支付的增加。有协调的博弈中，行为选择可能引起无效率；有冲突的博弈中，行为选择则意味着无效率状态会成为博弈的均衡。

为了更清楚地说明协调与合作的有关问题，下面用图 6-8 所示的矩阵进行说明。

根据前面介绍的博弈问题，我们可以知道：(1) 如果 $\beta \geqslant 10$，那么就变成了“囚徒困境”博弈。博弈参与者的个人理性并不满足集体的理性，博弈拥有一个唯一的均衡（欺骗，欺骗）。（2）如果 $4 \leqslant \beta < 10$，那就变成了“猎鹿博弈”，这是一种协调博弈。这类博弈的策略不确定性会导致不同的博弈均衡，博弈结果依赖于参与者之间的行为预期、博弈支付高低与策略的风险性大小。（3）如果 $\beta < 4$，博弈的支付占优与风险占优是统一的，博弈参与者双方的偏好具有一致性，这是一种最小努力型博弈。其均衡结果依赖于行为预期与博弈支付，而与风险大小没有关系。

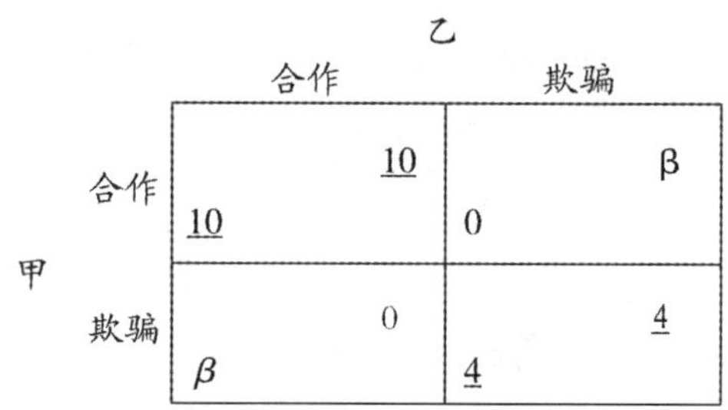

图 6-8　合作与协调博弈

据此，我们知道博弈支付值 β 的变化会对合作与协调产生影响。（1）在“囚徒困境”博弈中，支付值 β 越大，不合作的激励就会越大，追求个人理性的参与者就使博弈更容易偏离集体理性的目标。（2）在“猎鹿博弈”中，随着支付值 β（$4 \leqslant \beta < 10$）的增加，参与者对博弈达到支付占优均衡的期望值就会降低，那么参与者选择合作的风险就会增大，博弈更容易偏离（合作，合作）这一纳什均衡。（3）在最小努力型博弈（$\beta < 4$）中，尽管参与者的行为策略组合（欺骗，欺骗）是一个纳什均衡，但是 β 值越小，博弈的参与者越容易选择合作策略，该博弈的这一个均衡就会面临更大的风险。

大规模协调博弈

现在很多人都形成了一种习惯，每天上班一打开电脑就登录聊天软件，那么请问：你为什么会使用 QQ 或者微信这类聊天工具？如果你的朋友很少有使用这类工具的，你还会用吗？其实，你之所以使用这些聊天工具，就是因为可以通过这些工具和你的朋友进行交流，如果你的朋友都不使用这类工具，那么你就无法发挥出这些聊天工具的价值。如果你只有几个朋友在使用微信，却有大量的朋友在使用 QQ，那么你会更倾向于选择用哪种聊天工具进行交流聊天呢？我想你会毫不犹豫地，选择 QQ，但这是为什么呢？

在经济学中有一个很重要的概念，叫作网络外部性（network externality），有时也被称为网络效应，它指的是，如果一种产品对消费者的价值会随着其他使用者数量增加而增加，这种产品就具有网络外部性。网络外部性是指，拥有产品的人越多，这种产品的价值就会变得越高。具有网络外部性的产品或者事物有很多，上面说的聊天软件是这样，手机和电子邮件系统也是这样，航空公司的航线也是如此，还有你所使用的交流语言等，具有网络外部性的事物在人们日常生活中到处都是。

如果只有你一个人使用聊天软件，这时你所获得的价值就是它本身的价值，只能你和自己聊天，因为只有一个网络节点，你还能跟谁聊呢？假设此时该产品的价值为 1。如果又有一个人使用这种聊天软件，你可以和他进行交流，这个产品就有了两个网络节点，你就从中获得了协同价值，这时该产品的价值等于 2。当有第三个人使用这种聊天软件时，网络节点增加到了 6 个，其网络价值也就等于 6……以此类推，如果有成千上万的人在同时使用这种聊天软件的话，这个网络就变得很大，其网络价值就很高了。人们日常生活中使用的电话（无论是座机还是手机）也是这样，如果只有你自己有电话，而你认识的人都没有，那电话对于你来说只是一个摆设而已，什么用处都没有。而你周围使用电话的人越多，你的电话所起的作用就越大。

假如你是一个学者，在做学术研究时经常要写文章投稿，你也比较喜欢 PDF 格式，可以很方便地保存文档，不至于让文字、段落和图表等在不同的系统环境中发生改变，所以你用 Word 写好的文章一般都会保存为 PDF 格式。但是如果要投稿到杂志社的话，你可能既不会选择用 PDF 格式的文档去投稿，也不会用 Tex 写文章投稿，而是选择用 WPS。而且在使用 WPS 编辑保存文档时，你一般也是保存为 *. doc 后缀的文档，而不是 *. docx 后缀的文档。因为你知道，如果采用这种格式保存文档，有可能导致编辑和审稿人打不开文档，为了避免这样的情况发生，你必须选择兼容性较好的格式。我们要记住，因为网络外部性的存在，我们在选择产品的时候就不光要考虑这个产品本身的好坏、功能的强弱，还得考虑这个产品被使用的广泛性。

正是由于这种网络外部性，假如有成千上万的人在同时进行一次性博弈，那就形成了大规模协调博弈。而且，网络外部性往往使人们产生“从众心理”，这也使得这类产品更为普及。也就是说，那些得益于网络外部性的博弈参与者，往往会形成“赢家通吃”的局面。那些市场竞争的最后胜利者能够获得所有的或绝大部分的市场份额，而失败者往往被淘汰出局而无法生存。这类现象已经渗透到经济社会的众多领域。

我们再来看一个例子。在有些国家，知识产权保护力度不足，造成一些软件盗版问题。假如有人想买一套正版的 W 操作系统，但是要花不少钱，他实在舍不得，最后还是使用了从朋友那里借来的软件进行安装。其实，使用 W 公司操作系统的用户中有不少是使用盗版软件。但是，为什么 W 公司会在一定程度上默许这种使用盗版软件的行为呢？我们用如图 6-9 所示的博弈解释一下。

有两个用户需要在电脑上安装操作系统。如果两个人都安装 W 公司的操作系统，他们在电脑上使用的软件可以很好地兼容，电脑使用起来也是一样的操作方式，便于交流。如果两个人都安装其他操作系统，也可以实现这两点。但是如果这两个用户，一个使用 W 操作系统，另一个使用其他操作系统，那么各自所使用的软件可能会不兼容，操作方式也不一样，交流起来比较困难。这样一来，他们二人就要考虑使用哪种操作系统更便于兼容和交流。

		乙	
		W操作系统	其他操作系统
甲	W操作系统	兼容性好 便于交流	可能不兼容 不便于交流
	其他操作系统	沟通困难 不便于交流	兼容性好 便于交流

图 6-9　操作系统使用博弈

而 W 公司在一定程度上默许了一些盗版的行为，实际上就是让自己的产品在市场上逐步推广普及，获得了更多的用户，从而让新用户优先选择安装 W 公司的操作系统，从而充分发挥其产品的网络外部性。而其产品的网络外部性价值的增加也终将弥补 W 公司因为盗版行为而受到的损失。所以，我们可以说，容忍盗版行为其实是 W 公司一个很高明的策略。正是这种策略帮助了 W 公司的发展，后来，超过 70% 的电脑安装的都是 W 公司的操作系统。既然这种垄断地位已经形成，网络外部性得到了最大化展现，W 公司便逐步加大了对盗版行为的打击力度。

当然，网络外部性也不是坚不可摧的，特别是在时下科学技术更新速度越来越快的背景下，在手机、计算机等领域就出现了一些新产品的快速淘汰限制网络外部性好处的案例。给大家举一个例子。多年前北京小米科技有限责任公司（简称“小米科技”）推出了小米智能手机，在未上市之前就通过各种媒体造足了势，，一时间小米手机成为手机发烧友们热议的话题。小米科技推出的一款聊天工具“米聊”也在这期间上市，并且在小米手机上绑定了这款可以实现发送文字、发送图片、进行语音聊天等功能的即时通信工具。这让“米聊”和小米手机一起一炮走红。随着小米手机的销售量增加，“米聊”的使用者也在增加，很多原本不是使用小米手机的用户也开始使用这款新型的即时通信工具，其网络外部性的价值也得到了快速提升。

小结

本章向读者解释了有关合作与协调的博弈问题。在我们生活的社会中充满着冲突，涉及企业竞争、行业经营、司法诉讼、制度设计等各种经济领域和社会领域的协调问题。我们之所以研究不合作博弈，目的就是把这些冲突和不合作转化为协调与合作，将“两败俱伤”转化为“合作共赢”，比如让参与者在“斗鸡博弈”“情侣博弈”“智猪博弈”等情境中充分沟通以实现合作共赢。于是，就产生了一种协调博弈，这是一类存在多个能够进行帕累托排序的纳什均衡的博弈，如“交通博弈”“猎鹿博弈”等。在这类协调博弈中，鉴于参与者对不同策略组合有相同的偏好，要解决博弈均衡选择问题，首先就需要解决各参与者对其他参与者的行为的预期问题。如果其他参与者能够正确地预期，那么在多个纳什均衡中就会集中到唯一的均衡上。协调博弈均衡的选择不仅要满足参与者预期的一致性，而且要满足参与者行动的一致性，这就需要参与者在彼此之间确立一种相互信任的机制。事实上，由于参与者对风险与收益存在不同看法，所以此类博弈的处理显得特别复杂，协调博弈也就成为继“囚徒困境”博弈之后又一被广泛研究的博弈类型。当然，在我们生活中，还有一类源于网络外部性、有成千上万的人同时进行的大规模协调博弈，它告诉我们在选择某些产品时除了要考虑产品本身的质量和功能因素以外，还得考虑该产品被接受和使用的广泛性。

基础练习

一、两个动物为某一食物而争斗。它们都有两种选择：像鹰一样行动，像鸽子一样行动。前者代表粗暴，后者代表温和。请分析这个博弈的均衡。假设：都采取鹰的行动，双方什么也吃不到；都采取鸽子的行动，各能吃到3个单位的食物；分别采取鹰的行动和鸽子的行动，则分别得到4个单位和1个单位的食物。

二、价格竞争作为市场上优化资源配置、实现优胜劣汰的一种手段，起着非常重要的作用。在一些行业中，除了大中型的公司外，还有许多运作良好的小公司，这些小企业的生存发展与其所选择的价格策略存在紧密的联系。在20世纪70年代末80年代初，可口可乐和百事可乐公司就几乎占领了美国的软饮料市场，而一些小企业生产的软饮料虽然质量低劣，但因其价格便宜仍然能够占有一部分市场份额。可口可乐公司和百事可乐公司起初容忍了这些软饮料的存在。直到一家主要的软饮料供应商Scott公司通过较低的定价和较高的质量逐渐占据了1/3的市场份额，可口可乐公司和百事可乐公司才意识到其造成的严重威胁，然后及时通过降低价格等手段迅速夺回了美国软饮料市场的市场份额。

（1）结合案例，请运用“智猪博弈”理论分析两个规模和实力存在较大差距的对手之间的价格战情况。

（2）在商业竞争中，如果你是弱小的一方，你会制定什么样的战略应对？

第7章

重复博弈：声誉与长期合作决策

我们只能从将来理解现在的生活，从现在理解过去的生活，但是我们的生活必须是从过去到现在，从现在到将来。

——索伦·基尔克加德（Soren A. Kierkegaard）

在开始本章内容之前，我们先来看一个生活中的小故事，也许你会有所感触。这是一个朋友在喝茶聊天时给我说的一件事。有一天夜里，他正睡得香甜，突然被一阵急促的电话铃声惊醒了。他睡眼惺忪地抓起电话，还没等他开口问“哪位”，只听到电话里传来一个女士怒气冲冲的声音：“麻烦你管一下你们家的狗好不好，不要再让它乱叫了，吵死人了，还让人睡觉不!”还没等他说什么，电话“啪”一声就挂断了。我这位朋友十分生气，因为他家根本没有养狗，这一夜直到天亮他再也没有睡着。第二天晚上他早早地定好闹钟就睡下了，半夜两点钟他被自己的闹钟叫醒了，然后他拿起电话按下了来电回拨键。过了老半天，才有人拿起听筒，那位女士带着睡意恼怒地质问：“谁啊?”我这位朋友彬彬有礼地告诉她：“夫人，昨天我没来得及告诉你，我家没有养狗。”

先不去评论这件事情本身，但其中所谓的“以其人之道还治其人之身”在讲述一个参与者不合作及其后果的情境，他们都将“一报还一报”的策略作为自己处事的出发点，告诉我们“只要你做一件坏事，必受一次报复”。言外之意，如果你不做坏事，那么对方就可能不对你进行报复。在一个重复进行的博弈中，存在着短期利益和长远利益的均衡，背叛并不简简单单地成为必然的最优策略，“一报还一报”的策略使参与者很有可能积极建立良好声誉以换取长远利益，这就使得个体的最优选择趋近于集体的最优选择。

重复的“囚徒困境”博弈

在第2章中，我们介绍了“囚徒困境”博弈，你还记得主要结论是什么吗?让我们再来回顾一下，该博弈反映了基于个人理性的个体最佳选择并非集体最佳选择。对每个参与其中的局中人而言，该博弈的结果都是最佳的，但是就整体而言却是一个最差的结果。假设有这样一件事情：甲和乙是某个服装品牌在这座城市中的代理商，由于他们二人都不是独家代理，所以要在同一个市场上竞争。如果甲和乙二人合作，共同按照服装公司为他们协定的价格销售这个品牌的服装，二人都可以获得 4 个单位的支付；如果二人都违背协议而暗中降价，则双方都只能获得 2 个单位的支付；假如一方执行协定价格，而另一方违背协定价格悄悄降价销售，那么违背协定价格的经销商可以获得 5 个单位的支付，而执行协定价格的经销商只能获得 1 个单位的支付。该博弈如图 7-1 所示。

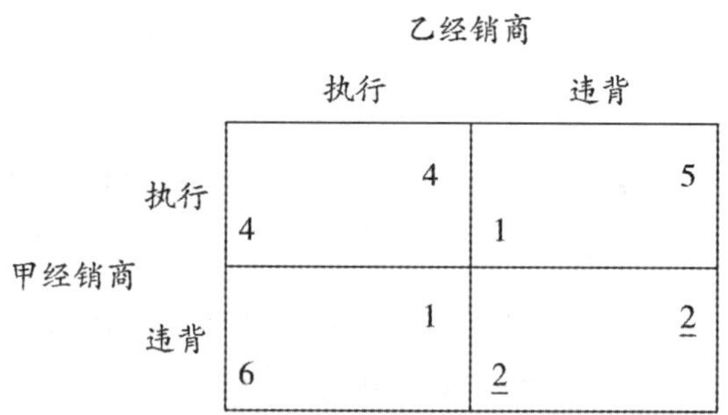

图 7-1　有限期协定价格博弈

假如这个博弈只进行一次，那么毫无疑问，博弈的均衡就是（违背，违背），如表 7-1 所示的下画线组合，双方各自获得 2 个单位的支付。这是一个典型的“囚徒困境”博弈：不管对手选择什么策略，假如这个博弈只进行一次，那么违背协定价格对参与者而言一定更有利可图。但是如果这个博弈重复进行 100 次或者更多次，情况将如何呢？这样的博弈就是有限期重复的“囚徒困境”博弈。

想一想

让我们回到第 1 章中谈到的“囚徒困境”博弈，如果考虑该博弈重复两次，你能用逆向归纳法来分析一下吗？

在这个博弈中，假如甲乙两个经销商都想稳定市场，避免引起恶性竞争而扰乱市场经营秩序，他们更倾向于合作以执行协定价格；假如双方都只顾自己赢利，那么只能展开恶性竞争，扰乱市场经营秩序，各自获得 1 个单位的支付。试想一下，如果一开始就有一方悄悄违背协定价格，那么另一方就会紧跟着选择相同的策略，结果就是两败俱伤，这也是一个对整体而言最不利的局面。所以，两个经销商中的任何一方在开始时都宁愿先执行协定价格，希望另一方也跟着执行协定价格。如果另一方没有跟进，反而悄悄地降价销售，那么虽然违背协定的一方会在这个回合获得好处，但是这个回合结束之后，执行协定价格的一方就不会再老老实实地执行下去了，在接下来的一个回合中肯定会发起报复行动，从而在第二个回合回归到（违背，违背）这个博弈均衡，而且自此以后的每个回合都是这个结果。而如果另一方的确进行了跟进，也执行协定价格，那么二人之间的合作就达成了，便可以实现（执行，执行）这个策略组合。也就是说，如果参与者一方希望下一个回合中对方参与者能够执行协定价格，再次实现合作，那么他自己就必须在这个回合中执行协定价格。

假如甲乙两个经销商已经合作（执行协定价格）了 99 次，而按照预先约定的合作期限是 100 次。那么，在第 100 次的博弈中，结果会如何呢？如果这个回合是既定的，双方都知道这是最后一次合作了，那么违背协定价格一定比执行协定价格对自己更为有利。因为这个时候参与者不必再考虑下一个回合了。于是，在第 100 次博弈结束时，甲和乙又同时选择了违背执行协定价格，形成了（违背，违背）这个“囚徒困境”的博弈均衡。可见，如果都明确“这是最后一次”，那么这一次双方就会撕去合作的善意，让个人理性重新回到一次性博弈。

那么，如果往前推一下，在第 99 次博弈中双方又应该怎么做呢？理性的人会知道，自己在第 99 次博弈中如果选择违背协定价格的话，一定可以得到比较高的报酬。如果有什么理由可以让你不在第 99 次博弈中选择违背协定价格的话，那就是对方要在第 100 次博弈中继续与你合作。但是前面也说了，第 100 次博弈的时候，双方都选择违背价格协定的策略对自己是最有利的。你可以把这个博弈的思路一直往前倒推，第 98 次、第 97 次……第 1 次，按照这个逻辑，你会发现，在第 1 次博弈中，双方都会选择违背协定价格的策略。也就是说，只要是一个有限次数的这类博弈，只要能够确定博弈存在最后一次，就和一次简单的“囚徒困境”博弈没有差别。

问题究竟出在哪里呢？对于这类有限次数的“囚徒困境”的重复博弈，其实所有的症结就出在最后一次博弈的背叛。如果甲能在第 100 次博弈中背叛协定，乙就会在第 99 次博弈中背叛协定，那么甲也就应该在第 98 次博弈中背叛协定……即便两个人都有合作维护市场的意识，这个博弈可能会延续到最后，那也绝对不是谁比谁傻，而是一种外在的动力在起作用。

前面讲了，假如这个博弈是有限次数，那么无论如何，理性的参与者都会违背协定价格，最终还是形成一个“囚徒困境”博弈。那么假如这个博弈没有一个具体期限或者无法明确最后一次何时到来，情况会如何呢？这样的博弈就是无限期重复的“囚徒困境”博弈。

因为这个博弈没有明确的期限，双方都要继续玩下去，根据前面的分析，为了在下一次博弈中实现合作，双方在前一次博弈中就应该采取合作的态度，选择执行协定价格。这样的话，结果就会是双方都始终选择执行协定价格，直到有一方违背了这个协定价格。假如每个参与者都这样选择，双方就会在每一次博弈中得到合作带来的收益，这是一个很好的结果。但是需要注意的是，在无限期重复的“囚徒困境”博弈中，双方为了有效地合作，会将博弈一直进行下去，但是这并不意味着双方都一定愿意这么做，他们依然存在着违背协定价格的想法，这是天性使然，无法改变。

对这类无限期重复的“囚徒困境”博弈而言，背叛合作是很容易的事，遗憾的是，只要你背叛了他人，他人就会背叛你，而且永远不会再相信你。试想一下，如果背叛可以为你带来短期利益，而你只在乎这个短期收益，那么你就可以这么做。但是，如果不背叛可以为你带来长期利益，而且这个利益是非常可观的，那么你还会选择背叛吗？所以，如果是无限期的协定价格这类的“囚徒困境”博弈，其结果就会是一个对集体有利的结果（执行，执行)，如图 7-2 所示的虚线圈组合。

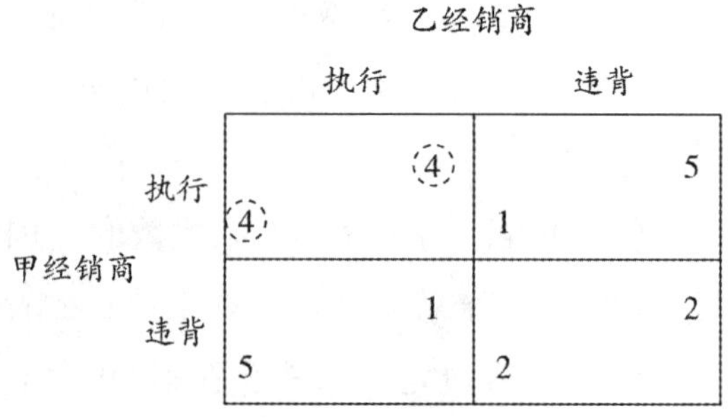

图 7-2　无限期协定价格博弈

前面谈到了石油输出国组织欧佩克（OPEC）的问题。他们是最著名的国际市场上的价格联盟卡特尔。为了集体的利益，各个成员国都应该减产，但是他们心态各异，不减产显然符合各个成员国的利益。所以，总是有一些成员国不按照协议执行减产计划，甚至因为没有遵守欧佩克所规定的产量引起战争。1990 年 8 月，伊拉克与科威特围绕石油问题谈判宣告破裂①，其后伊拉克入侵科威特并很快占领该国全境。由于石油减产显然不符合美国等西方国家的利益，随后就爆发了以美国为首的多国部队攻击伊拉克的海湾战争。

前面谈到欧佩克之所以比较成功，很重要的原因在于其最大的成员国沙特阿拉伯“自律”较严，对于一些小的石油产生国家的违约行为不那么斤斤计较，显示出了自己的大度，也正因为这样，欧佩克才能在磕磕绊绊中还算比较成功地走到了今天。我们现在再看一下这个问题，除了沙特阿拉伯的“大度”之外，还有一个关键因素就是这种合作模式是基于一种无限期重复“囚徒困境”博弈的，没有一种明显的迹象表明这种合作会在某一个时点上结束。这里就要谈一下面对着这种石油生产和输出的“囚徒困境”博弈时，成员国之间的合作是如何得以延续的。如果主要成员国给其他参与者树立一个合作的姿态，发出合作的信号，就可以让其他成员国知道在下一期该主要成员国会选择合作策略，所以其他成员国也就愿意跟进而选择合作策略。当然，作为主要成员国的沙特阿拉伯的大度，对一些小成员国偶尔的背叛行为能够容忍，才使得博弈可以重复进行下去。

重复博弈

了解了“囚徒困境”博弈，我们再来看一下重复博弈的准确界定以及相关的概念和内涵。

在日常生活中，你会注意到这样一个有趣的现象：在公共汽

①在 1980—1988 年那场长达八年的伊拉克和伊朗战争（简称“两伊战争”）期间，伊拉克欠下了包括科威特在内的阿拉伯国家的债务达 300 亿美元。伊拉克希望欧佩克减少石油产量以提高石油价格，这样伊拉克便可以很快偿还这笔债务。然而科威特不顾欧佩克的协定而提高了自己的产量，导致油价下降，并希望以此来迫使伊拉克解决他们之间的边境争执。

车上，两个素不相识的陌生人可能会为了一个座位而争吵，虽然他们不知道这是一次性博弈，但是他们肯定知道吵过之了谁也不会再见到谁，因此谁也不肯在嘴上吃亏甚至有可能大打出手；可是如果他们相互认识，那么就会为了谁去坐那一个座位而相互谦让，尽管他们也许不知道这就是重复博弈，但是他们肯定知道，两个人以后还会继续交往，为了一个座位不值得绝交。

所谓重复博弈（repeated game），顾名思义，就是指同样结构的博弈重复许多次，其中的每次博弈称为“阶段博弈”。重复博弈是动态博弈中的重要内容，它可以分为有限期重复博弈和无限期重复博弈，前者是指相同结构的博弈有限次重复进行，后者是指没有确定的结束时间的重复博弈。就像上面说的为争座位而吵架一样，当博弈只进行一次时，每个参与者都只关心眼前的短期一次性的支付；而像上面说的为坐座位而谦让一样，如果博弈是重复多次的，参与者可能会为了今后的长远利益而牺牲眼前的利益，从而选择可以达成合作的行动策略。因此，重复博弈的次数会影响到博弈均衡的结果。

想一想

有限次重复博弈和无限次重复博弈有什么区别？这对我们有何启示？

在重复博弈中，每次博弈的条件、规则、信息结构和策略都是相同的，比如协定价格博弈，支付、参与者、行动策略等都不变化。但是由于有长期利益，因此各博弈参与者在当前阶段的博弈中必须考虑到不能引起其他博弈参与者在后面阶段的对抗、报复或恶性竞争，也就是说不能像在一次性博弈中那样毫不顾及其他博弈参与者的利益，以避免最终形成两败俱伤的局面。很多时候，参与者一方做出一种合作的姿态——或给出一种承诺，或做出一种行动——就可能使其他博弈参与者在此后阶段的博弈中采取合作的态度，从而实现共同的长期利益，这就是符合集体理性的结果。

结合前面重复期限的协定价格博弈，我们可以看到重复博弈具有如下三个基本特征。首先，重复博弈的每一个阶段之间没有物质上的联系，即前一个阶段博弈并不改变后一个阶段的博弈的结构；其次，在重复博弈的每一个阶段，所有参与者都可以观测到该博弈过去的历史；最后，博弈参与者在各个阶段的总收益是所有阶段博弈收益的贴现值之和。

重复博弈可以是完全信息的重复博弈，也可以是不完全信息的重复博弈。2005年诺贝尔经济学奖获得者罗伯特·奥曼（Robert J. Aumann）认为，完全信息的重复博弈与人们之间相互作用的基本形式的演化相关，其目的是证明在现实生活中为何会出现合作、利他主义、报复、威胁等现象。从20世纪60年代中期开始，奥曼和他的合作者们一起发展了不完全信息的重复博弈论，使博弈论研究更接近实际，其理论重点在于博弈中对信息的使用——何时应该如何揭示信息，何时应该如何隐藏信息，何时应该相信被揭示的信息，而何时又不应该相信被揭示的信息。

在完全信息的重复博弈中，由于在博弈过程中参与者对其余各参与者的信息都有所了解，所以各参与者不能依自己的意愿任意地做出对自己最有利的决策，而必须考虑到其他参与者的决策，防止他们会根据自己做出的决策而选择对自己不利的决策，于是每个参与者做出的决策会使他们都获得相近的盈利，且社会将处于一种相对稳定的状态。虽然在这种情况下参与者都不能得到自己所能得到的最大盈利，但也不会使任何一方亏损，并且由此带来的社会稳定会增加所有社会成员的福利，实际上是提升了参与者的长期盈利水平。

在不完全信息的重复博弈中，策略均衡的形成其实就是一个精细的谈判过程，参与者们逐渐达成越来越广泛的协议，增强相互的信任，同时慢慢地揭示出越来越多的信息。在这个过程中，没有参与者有勇气单方面改变“不同结果的可能性”。否则，他将在博弈过程中展现更多的信息给竞争者，从而使得自己在竞争中处于劣势。就如在同一市场上的几个实力相当的竞争企业，虽然他们之间是一种对立竞争的关系，但是在长期竞争中，为了不再因为彼此之间的竞争而使自己蒙受损失，他们之间会达成一定的共识。

尽管有关重复博弈的一些理论很复杂，但在这里还是应该让读者了解两个重要的名词。一个是无名氏定理，说的是只要博弈参与者具有足够的耐心，那么在满足博弈参与者个人理性约束的前提下，博弈参与者之间总有多种可能达成合作均衡。这个定理之所以得名，是由于很早就有很多人提出重复博弈促进合作的思想，因为无法追溯到其原创者，便以“无名氏”命名。另一个是最大最小策略，说的是一个博弈参与者 i 在其他博弈参与者采取的策略使参与者 i 获得的支付尽可能低的时候，该参与者 i 使自己的支付最大化的策略。与此有关的是最小最大策略，说的是一个博弈参与者 i 无论如何选择，其他参与者都尽可能地使这个参与者 i 的支付最低的策略组合。

下面来解释一下重复博弈的均衡是如何实现的。首先，如果博弈中的其他参与者能联合起来孤立 i 的话，那么最大最小盈利和最小最大盈利是相等的，所以此时 i 的盈利将会最小化，低于博弈中的其他参与者。在这种情况下，任何一个参与者 i 都不能用背叛行为来单方面获利，否则他将得不偿失。其次，每个为了合作而形成的联盟都可以通过其整体性使每一个成员的盈利水平达到同一个均衡水平，也就是说，在这个联盟中不存在任何成员有获得更高盈利的可能。第三，如果一个参与者为了不在今后遭到背叛者的报复，而不去惩罚一个他本来可以惩罚的背叛者的话，那就会使得威胁性的惩罚无限减少而逐步形成均衡。其实现实中许多领域的稳定都可以追溯到这种完全均衡。

想一想

你能总结一下重复博弈的基本特征吗？

前面说了“一报还一报”，这听起来似乎有些贬义，所以我们给它一个中性的说法，即“针锋相对策略”。说起这个策略，还有一个故事值得一提。美国著名政治学家罗伯特·阿克塞尔罗德（Robert Axelord）曾向全世界博弈论学者征集重复200次的“囚徒困境”博弈策略，然后将每个博弈策略编制为一个计算机程序。他让每个程序同其他程序在一个循环赛中竞争，并且记录下每个程序在重复200次的博弈中对抗其他程序的总分数。最终的冠军所采用的策略就是“针锋相对”，即第一回合采取“合作”策略，之后每一回合都重复对手上一回合的策略。基于比赛的结果，阿克塞尔罗德提出了在重复博弈中成功的简单规则：不首先袭击；既回应好的又回应坏的；清楚地采取行动；别嫉妒。

所谓“针锋相对策略”，其实就是博弈参与者第一步选择合作，此后每一步都重复对手上一步的行动，要么合作要么背叛，只要博弈没有确定的期限，由于长期利益对短期行为的制约作用，所以一些在一次性博弈中不可信的威胁或承诺在重复博弈中会变为可信的，这样就会形成一种持续合作的态势。也就是说，奉行“以其人之道还治其人之身”的原则，就是有效地鼓励其他参与者开展长期合作。但是为了将合作进行到底，根据上述阿克塞尔罗德的比赛结果，重复博弈的所有参与者应该秉承几种利于合作的处事方式，比如善良、宽容、不妒忌。

首先，参与者应该善良。如果参与者在第一步就向其他参与者表达善意，从一开始就选择合作，而且坚持永远不首先背叛对方，那么就为未来的长期合作打下了基础。其次，参与者应该宽容。即参与者不会因为对方的一次背叛，就长时间怀恨在心或者没完没了地报复，而是给对方机会，在对方改过自新、重新回到合作轨道上时，能对他过去的背叛既往不咎以恢复合作关系。这是维护合作的一种态度。最后，参与者不应该妒忌。博弈的参与者在合作中或许会看到对方的收益比自己更多，但是不应该因此就想办法去占对方便宜，只有不在任何双边关系中争强好胜，才可能保持合作正常开展。

连锁店悖论

在第 5 章中介绍了市场进入博弈，有一家生物制药企业为了阻止潜在的竞争者进入，就表示自己会实施降价策略以打击进入者企业。我们假设，在位者企业已经在周边 20 个市场上开展了药品经销业务，每个市场的容量都是 100 个单位的收益。目前虽然还没有明显的进入者企业与之展开竞争，但是已经有企业想进入这个领域了。单个市场上的博弈依然如图 7-3 所示。

假如竞争对手们是有备而来，他们针对这 20 个市场准备采用序贯进入的方式进入生物制药领域。更简单一点的话，相当于每个市场有一个潜在进入者企业，每个进入者企业序贯地决定是否进入相应的市场。那么，在位者企业想阻止竞争对手的进入应该怎么做呢？

在位者企业为了阻止竞争对手，能不能用某种程度的降价销售来当作对进入者企业的警告，以证明他会将这个博弈进行到底呢？如果竞争对手真的进入了某个市场，在位者企业可以针对该市场制定非常低的价格，这固然会使在位者企业在这一市场产生亏损，但竞争对手会不会因此就退出其他市场呢？假如竞争对手基于某种原因不去理会在位者企业释放的这个信息，并同时进入了两个市场，那么在位者企业当然也可以在这两个市场采取价格战的手段。这种策略可不可能至少让在位者企业的某些市场阻止竞争对手的进入呢？这样会让在位者企业的降价威胁变得更可信吗？

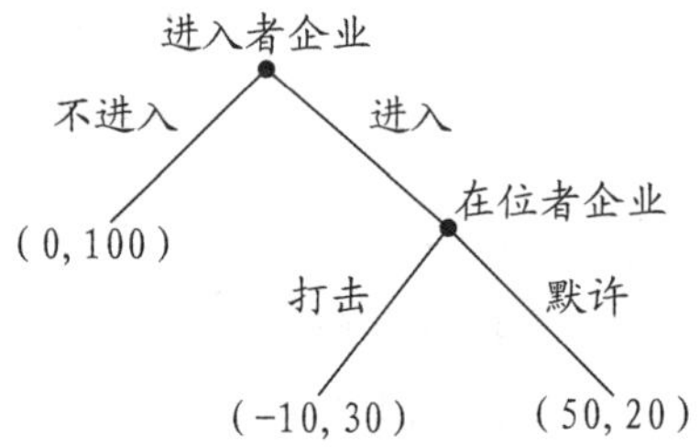

图 7-3　市场进入博弈

为了分析这个序贯博弈，我们把在位者企业经营的 20 个市场分别标号，以“1 号市场”“2 号市场”……“20 号市场”来命名。在位者企业向准备进入的竞争对手们传达了这样的信息：“当你进入某个市场，比如 1 号市场后，我就会发动价格战来降价销售药品。不管你进入哪个市场，我都会发动价格战。不管在哪个市场上，只要我把价格压得非常低，你就不可能赚钱，所以你最好离我的市场远一点。”在位者企业的这段话听起来言之成理，而且比较有威慑力，但是这话可信吗？他真的会在这些市场上大打价格战吗？我们不妨通过以下策略推理来看看这个威胁的可信度究竟有多大。

假设竞争对手已经进入了 19 个市场，正在考虑向第 20 个市场进军，情况看起来很糟糕，结果到底会如何呢？比如，如果在位者企业没有发动价格战，而且也只有在这种情况下，进入者企业才会进入第 20 号市场。那么在位者企业会不会在第 20 号市场上发动价格战？显然不会！因为前面已经分析了，在位者企业发动价格战的唯一目的是阻止竞争对手进入该领域的相关市场，因为如果在某个市场上发动价格战，在位者企业在这个市场的收益肯定会大幅降低。所以在第 20 号市场上，参与者会发现他们所在的子博弈和一个一次性的进入威胁博弈是一样的，因此无论博弈的过去是怎么样的（打击或者默许），进入者企业都会选择进入，而在位者企业都会选择默许，也就是说会达成合作。从另一个角度看，假如在位者企业的 20 个市场都已经有竞争对手进入，那么对在位者企业来说，试图阻止未来的进入者企业就变得毫无意义。因此，所有竞争对手都知道，假如其他 19 个市场都已经被成功进入，在位者企业就绝对不会在第 20 号市场选择发动价格战的策略。

接下来再来想想，在位者企业会不会在第 19 号市场发动价格战？再次明确一下，在位者企业如果要发动价格战，肯定是为了阻止竞争对手进入该市场。但前面已经分析过了，在位者企业绝对不会在第 20 号市场发动价格战。如此一来，在第 19 号市场发动价格战便失去了警告的意义，也就不具备威胁的作用了。因为这样做并不能让竞争对手明白，假如在位者企业的 20 个市场都已有进入者企业进入，他会怎么处理。大家都已经很清楚，不管竞争对手进入与否，在位者企业都会在第 20 号市场上默许这种市场进入行为，维持原来的价格，只是改变了自己收益结构。

既然在位者企业绝对不会在已经被瓜分了的第 19 号和第 20 号两个市场上发动价格战，那么会不会在第 18 号市场上发动价格战呢？在位者企业如果在第 18 号市场上发动价格战，也只有一个目的，就是让竞争对手知道，假如他们再进入其他的市场，在位者企业会采取措施阻止，也就是为了威胁竞争对手，假如他们进入第 19 号或第 20 号市场，在位者企业也会在这些市场发动价格战。不过，这个威胁没有人会相信，因为在第 19 号和第 20 号市场上开展价格战对在位者企业一点好处也没有。因此，在位者企业根本不会在第 18 号市场上采用降价策略。

好了，沿着这个连锁逻辑慢慢往前推理，我们可以知道，不管是在第 17 号、第 16 号、第 15 号市场，还是更前面的市场，在位者企业都不应该发动价格战。这样可以一直推理到第1号市场，所以在位者企业绝对不会用大打价格战的方式来阻止对手进入。

至此，我们看到了分析的结果。很有意思的是，即使在位者企业经营了20个市场，也无法通过发动价格战的方式把潜在进入者有效地阻挡在市场之外。这看起来是违反常理的，但事实就是如此，在博弈论里，我们通常把它称为连锁店悖论（chain-store paradox）。它是由莱茵哈德·泽尔腾（Reinhard Selten）[①] 提出的，并利用逆推归纳法，说明了在位者的多市场掠夺威胁不可信。也就是说，连锁店悖论的结论应该是：作为竞争对手的进入者企业必然会进入在位者企业所占据的20个市场，最终双方共享利润。

产品质量博弈

你愿意买流动摊贩们售卖的商品吗？平时你买衣服是愿意在地摊上买还是更愿意到百货商场去买？你买日用品是乐意在小商店买还是更乐意到大型超市去买？这样的问题很多，都涉及一个问题：哪里的产品能让你放心购买？产品的提供者或者卖主凭什么让你相信他？

对于大多数产品来说，消费者在购买的时候是很难一下子判断出产品的质量好坏的，甚至对有些产品根本无法仅靠自己来判断质量好坏。如果卖者提供的产品存在质量问题，往往要等消费者使用之后甚至要借助外在的帮助才能发现。当然，一旦消费者在使用产品后发现产品存在质量问题，往往可以找到卖者要求退换或者通过诉诸法律的方式要求赔偿，如果卖者预判到提供低质量产品可能会引起麻烦或者招致起诉，他们就会注重产品的质量管理，尽量提高产品质量。但是，许多消费者即使事后发现所购买的产品存在质量问题，也不一定会起诉，因为起诉要支付成本，对一些小东西，得不偿失，于是往往不了了之。所以，对卖者的

①莱茵哈德·泽尔腾，1930年10月10日出生于德国的布雷斯劳，他是子博弈精炼纳什均衡的创立者，其主要学术研究领域为博弈论及其应用、实验经济学等。泽尔腾教授因在“非合作博弈理论中开创性的均衡分析”方面的杰出贡献而与约翰·纳什、约翰·海萨尼一起荣获1994年的诺贝尔经济学奖。

产品质量保证形成约束的理由之一就是潜在的被起诉可能性。但是这还不是全部，接下来我们就用重复博弈来进行分析。

假设有一个厂商是长期的固定的博弈参与者，比如一些大型商场，他不断重复性地提供产品；但消费者却不是固定的，每一阶段都有不同的消费者购买，当然也会有一部分消费者是固定的，他们在不同的阶段决定买还是不买。厂商在每个阶段提供 1 个单位的产品，并决定是提供高质量的产品还是提供低质量的产品，而每一个阶段有唯一的一个消费者决定是否购买这 1 个单位的产品。假定消费者在购买时无法确定自己购买的产品的质量，但知道在这之前的消费者所购买产品的质量。对消费者而言，如果他没有购买产品，其支付为 0 个单位；如果消费者买到高质量产品，其支付为 1 个单位；如果买到的是低质量产品，他的支付就为-1 个单位。对厂商而言，如果厂商卖出的是高质量产品，其支付为 1 个单位，如果卖出的是低质量产品，支付就为 2 个单位。图 7-4 给出了这个博弈的阶段性博弈支付矩阵。

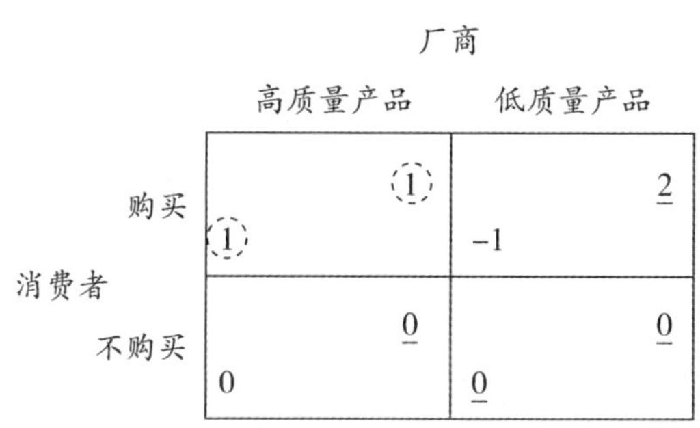

图 7-4　产品质量博弈

如果这是一次性博弈，则形成了一个“囚徒困境”博弈，只有一个纳什均衡（不购买，低质量产品），消费者不会购买，厂商也卖不出去。之所以如此，是因为双方的选择在自己的立场上是最有利的。而如果是长期重复的博弈，情况就不一样了。消费者的战略是：第一阶段的消费者决定购买；只要厂商不曾生产过低质量产品，随后阶段的消费者继续购买；如果厂商曾经生产过低质量产品，之后消费者就不会再购买。这就是“冷酷策略”，又称为“触发策略”，是指参与者在开始时选择合作，在接下来的博弈中，如果对方合作则继续合作，而一旦对方背叛，则始终选择背叛，不再合作。

假设消费者肯定会执行这样一个“冷酷策略”，当厂商提供低质量产品时，获得2个单位的短期支付，但之后每个阶段的支付就肯定为0；如果厂商总是提供高质量的产品，每阶段的支付就可以为1个单位，贴现后总支付为2个单位，其中1个单位为厂商的贴现因子。当支付≥2个单位时，厂商就会一直生产高质量产品。所以，如果以前没有提供过低质量的产品，那么厂商的最优选择就是继续提供高质量产品。假如以前曾经提供过低质量的产品，又知道消费者的“冷酷策略”，明白消费者不会再购买，那就索性继续提供低质量产品，这对厂商而言是最优的策略。这样一来，在消费者的策略是既定的情况下，如果收益足够大，也就是说厂商具有足够的长期利益时，厂商的策略就是最优的。反过来讲，给定厂商的策略选择，如果支付≥2个单位，则每个消费者只关心当期博弈阶段的支付。当厂商在本期之前从来没有提供过低质量产品时，消费者就会预期该阶段厂商将继续提供高质量产品，这样的话，消费者的最优选择就是购买；当厂商在本期之前曾经提供过低质量产品时，消费者就会预期厂商在该阶段还会继续提供低质量的产品，于是消费者的最优策略是不购买。总之，假如我们给定厂商的策略，那么消费者的策略也是最优的，这就构成了一个纳什均衡。值得一提的是，尽管“消费者不再购买，厂商总是提供低质量产品”也是一个子博弈纳什均衡。但这个均衡实际上并不存在，因为这就意味着这个厂商不存在了，否则他提供的低质量产品卖给谁呢?

回到本节开头的那个问题。对于走街串巷的小贩们，消费者很难对他们产生信任。因为游走于街坊之间的小贩们知道，即使售卖低质量产品坑蒙顾客，人们也不一定能在事后抓住他，因为他下一次不会再走同样的路线，这就激励小贩们兜售低质量产品。给定小贩们的这种战略，理性的消费者就不愿意购买走街串巷的小贩们提供的产品。理性消费者更愿意到大商场或固定摊点买东西。很显然，这是因为大商场不可能今天卖了产品就关门消失了，固定摊点一般也会长期在同一个地方售卖商品，那样的话，即便买回来的商品存在质量问题，明天也还可以去找他们索赔。给定这一战略，厂商如果想把生意长期做下去，就不应该也不会提供低质量产品；而给定厂商提供高质量产品，那么消费者就会选择购买。如果商家或者厂商关注长期利益，他们与消费者之间进行的就不是一次性博弈，而是无限次重复博弈，那样就存在长期的合作均衡，也就是商家或者厂商总会提供高质量产品。所以，著名博弈论专家克雷普斯（David M. Kreps）就认为，企业存在的原因之一正是创造了一个“长期的博弈参与者”，使消费者相信其产品质量，反过来消费者的不断购买又激励企业不断生产高质量产品。

声誉机制

克雷普斯等人的思想后来被总结为 KMRW 声誉模型，也称为 KMRW 定理①，其主要内容或者说一种解释是这样的：每一个博弈的参与者尽管在选择合作时可能面临着被对手出卖的风险（从而可能得到一个较低的现阶段支付），若对方是合作类型的话，如果他自己选择不合作，就暴露了自己是非合作型的，从而失去了获得长期合作收益的机会。只要博弈重复的次数足够多，未来收益的损失就超过短期被出卖的损失。因此，即使他们在本性上并不是合作型的，但在博弈开始时每一个参与者都想树立一个合作形象（使对方认为自己是喜欢合作的），而只有在博弈快结束时，参与者一次性地把自己过去建立的声誉用尽，合作才会停止（因为此时的短期收益很大而未来损失很小）。该模型的出色解释力在于，大量的事实表明，对参与者外生的具有合作倾向的假定并非合理，大多数的合作是基于对自身利益的考虑。在一些长期交易关系中，交易各方出于对未来收益的考虑，都会致力于树立良好形象和维护良好声誉，虽然这些声誉在短期来看并非经济的，但长期的合作收益的补偿却表明这种声誉的建立是最优的选择。而且，良好的声誉价值是随着它被使用的次数而增加的。可以说，

①KMRW 声誉模型是由戴维·M. 克雷普斯（David M. Kreps）、保罗·米格罗姆（Paul Milgrom）、约翰·罗伯茨（John Roberts）和罗伯特·威尔逊（Robert Wilson）建立的，对有限重复博弈中信誉效应（合作现象）做出了很好的解释。

克雷普斯等人的 KMRW 声誉模型对于认识企业的本质提供了强有力的分析方法和解释工具。

当然，这个声誉模型并不是针对企业组织才有价值，对其经理人员以及普通员工也是一样。比如，我们都会发现越是年轻的经理人员，他们工作越努力，他们有积极性通过努力工作来提高自己在经理人市场上的声誉，从而增加自己未来人力资本的价值。同时，因为他们更关注自己的职业声誉的积累，出于对职业（生涯）声誉的关心，越是年轻的经理们越有过度投资的冲动，这或许可以解释企业内部投资决策相对集中化的现象。

想一想

声誉机制是一种有效的激励机制，可以威慑企业行为以防止机会主义动机，你对此有何分析？

在现实社会中，多数人之间的交往并不是一次性的，而是重复多次的，这也正是重复博弈的现实意义的实质所在。重复博弈是用于理解社会长期互动行为的一种重要工具，特别是用来解释长期人类互动行为如何使得信任和承诺有可能形成。显然，一个行为主体声誉的建立在长期内是与其他行为人的互动行为密不可分的。而声誉的本质在于可以使行为人获得长期收益。当一个行为人的行为特征或行为类型不被其他行为人所知晓时，而且在他们之间存在着重复的互动行为时，那么具有信息优势的行为人就有积极性建立良好的声誉，以换取长期的利益，而避免那些短期的甚至是一次性的收益。表 7-1 给出了声誉起重要作用时的部分重复博弈的应用及博弈信息。

表 7-1　声誉起重要作用时的部分重复博弈

博弈应用	单边/双边	参与者	行动策略
囚徒困境	双边	嫌疑人甲	抵赖/坦白
		嫌疑人乙	抵赖/坦白
双寡头垄断	双边	企业甲	高价格/低价格
		企业乙	高价格/低价格
员工管理	双边	雇主	发奖金/不发奖金
		雇员	工作/偷懒
产品质量	单边	消费者	购买/不购买
		卖者	高质量/低质量

续　表

博弈应用	单边/双边	参与者	行动策略
进入威胁	单边	在位者企业	低价格/高价格
		进入者企业	进入/不进入
财务披露	单边	公司	说真话/说假话
		投资者	投资/不投资
借贷	单边	贷款人	放贷/不放贷
		借款人	还债/赖账

读者可能注意到了，在表 7-1 中有一项可能让人感到困惑——单边/双边。下面就来解释一下。

在某些博弈中，每个参与者的策略组合都相同，参与者之间的支付或收益对称，如图 7-1 所示的协定价格博弈或者前面讲过的“囚徒困境”博弈等，这种博弈被称为双边博弈。另一种博弈与双边博弈很相似，但是和“囚徒困境”博弈不同的是，这种博弈并不对称，如图 7-3 所示的产品质量博弈就是单边博弈。在单边博弈中，企业可以给消费者提供高质量或低质量的两种产品，消费者可以选择购买或不购买该企业产品的两种行动。当消费者不购买产品时，双方收益都为 0；当消费者购买产品时，企业提供高质量产品，双方收益为（1，1），企业提供低质量产品，则双方收益为（-1，2）。在该单边博弈中，纳什均衡解为消费者不购买，企业提供低质量产品，最终双方收益均为 0。

一般常见的单边博弈有市场进入博弈、产品质量博弈、借贷博弈、财务信息披露博弈。前面两个博弈在前面章节已有详细分析，下面再来看一下财务信息披露博弈，如图 7-5 所示。

上市公司 \ 投资者	投资	不投资
如实披露	5, 5	0, 0
虚假披露	10, -5	0, 0

图 7-5　财务信息披露博弈

一家上市公司可以选择如实披露财务数据或向投资者说谎也就是发布虚假的信息，投资者可以选择投资或不投资。在单期博弈中，其纳什均衡只有一个（虚假披露，不投资），即上市公司选择披露虚假财务信息，投资者选择不投资，双方的博弈支付均为0。如果是多期重复博弈，情况就不一样了。如果投资者选择合作，也就是投资，上市公司就可以在金融市场上进行融资，用来扩大再生产，提高企业竞争力；如果投资者不合作，即不进行投资，上市公司就无法实现外部融资，将出现资金不足的问题。试想一下，如果企业披露的信息有误，有虚假的成分，那么投资者就不会再相信这个上市公司，在接下来的博弈中都会选择不投资。所以，上市公司要想和投资者达成合作，就必须向外部的投资者树立正面的声誉，不能披露任何虚假的信息，并致力于长期维护这个声誉，从而保证合作得以持续，（如实披露，投资）这个结果才会出现。基于此，我们可以看到，随着我国证券市场的法治建设及规范程度不断完善，上市公司的信息披露也越来越严谨，目的即在于利用声誉机制将一次性或有限期重复博弈转化为无限期重复博弈。

鹰鸽博弈

在第6章中，我们分析了“斗鸡博弈”，这是一个博弈参与双方具有相同或者相似特性的博弈，比如两只羊都具有一定的攻击性，一旦遇到一起会真的打起来而可能两败俱伤。假如我们将其中一只羊换成一头狼，情况会如何呢？这时，博弈的参与者就是两个完全不同特性的个体了，因为狼会吃羊的。

假设一个大笼子里有一群鸟（假设它们在笼子里不进行斗争），从中随机放出两只鸟来进行对峙，放出来的有可能是鸽子和老鹰，也可能是鸽子和鸽子，或者可能是老鹰和老鹰。大家知道，两只老鹰如果搏斗起来总是很凶悍霸道的，它们会全力以赴、孤注一掷地斗下去，除非身负重伤，否则决不退却；而鸽子则是一种性情温和的动物，它惯常的方式是进行威胁恫吓，却从不伤害对手，往往委曲求全。所以，如果放出来的是两只老鹰，它们就会进行搏斗，一直打到其中一只受重伤或者死亡才罢休；如果放出来的是两只鸽子，那么谁也不会受伤；如果放出来一只老鹰和一只鸽子，那么鸽子就会立即逃走，因为鸽子可不愿意受到老鹰的伤害，这是天性使然嘛。我们称这个博弈为“鹰鸽博弈”，其中进行对抗的双方，会形成侵略型与和平型两种策略。我们将这个博弈表述如图 7-6 所示。

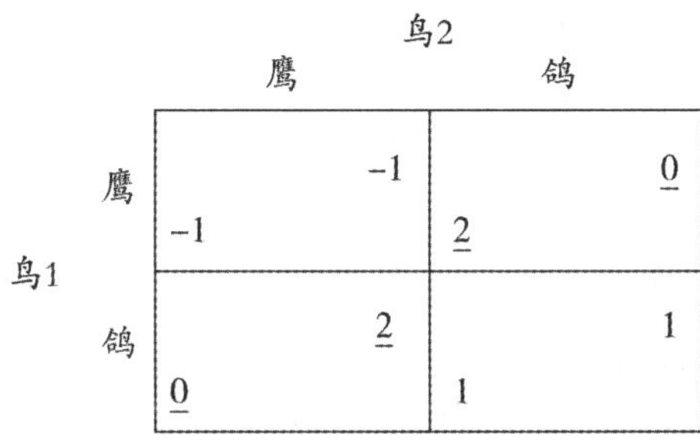

图 7-6　鹰鸽博弈

通过对“鹰鸽博弈”的支付矩阵进行简单的分析，我们便可以知道，这是一个完全信息静态博弈，它有两个纯策略纳什均衡：(鹰，鸽）和（鸽，鹰)。据此均衡来看，对博弈的参与者双方来说，最好的结果是放出来的都是鸽子，可以理解为参与者都像鸽子一样，大家采取和平的行动，得到帕累托最优解；最坏的结果是放出来的都是老鹰，可以理解为参与者都像老鹰一样，采取进攻性行动，结果两败俱伤。

根据奇数定理，还可以轻松地找到一个混合策略纳什均衡(50%，50%)。这个混合策略可以理解成“有 50% 的概率放出来的是老鹰，有 50% 的概率放出来的是鸽子”；也可以理解成“以 50% 的概率像老鹰一样行动，以 50% 的概率像鸽子一样行动”。在这个混合策略下，参与者对每一个纯策略都是无差异的。像老鹰一样行动的预期收入是遇到另一只老鹰时的支付（-1）×50% 加上遇上鸽子时的支付 2×50%，结果是 0.5。像鸽子一样行动的预期收入是遇上老鹰时的支付 0×50% 加上遇到另一只鸽子时的支付 1×50%，结果还是 0.5。很显然，如果偏离了这个混合策略纳什均衡，比如有 60% 的鸟是老鹰，那么一只鸟像鸽子一样行动（扮作鸽子）将会有更强的生存能力，意味

想一想

鹰鸽博弈反映了不同物种面对竞争时的策略，你能用来分析一下我们经常谈的“内卷”问题吗？

着它可以繁殖得更快，鸽子的种群数量将会增加，以至达到50%，再次实现均衡。

我们可以想象这样一幕：有一块天然的玉米地，原本只有一群鸽子生活在这里，突然有一天来了一只老鹰，这只老鹰肯定会获利匪浅，当然也会吸引它的同伴不断入侵这块玉米地。但是这场战争的结果并不是老鹰们将鸽子们都全部逐出玉米地，而是两个种群按照一定比例共生共存。当老鹰种群增加一只老鹰的边际收益趋于零时，博弈的均衡就到来了。怎么理解呢？老鹰的数量增加到一定时，鹰群内部就会发生内讧。这样一来，便产生了进化稳定策略（evolutionarily stable strategy）。意思就是说，均衡一旦形成，此后偏离均衡的运动就会受到自然选择的打击。比如当老鹰族群达到饱和状态之后，其他的老鹰再试图加入进来的话，就会被整个鹰群排挤。这个“鹰鸽博弈”的进化稳定策略应该有三种：第一种是形成鸽子的世界；第二种是形成老鹰的世界；第三种就是老鹰和鸽子共生共存的策略。最初，这块玉米地里的鸽子群就是一个和平的世界；随后，老鹰入侵了，渐渐地形成了一个共生的状态，一条食物链形成了；最后，老鹰逐渐多了，种群内部出现争斗，最后可能形成霍布斯丛林①。

这个博弈往往很容易被人误认为等同于“斗鸡博弈”。其实，这只是“斗鸡博弈”的一个变种。因为“斗鸡博弈”讲述的是两个相同种群的个体（羊和羊、鸡和鸡等同种动物）之间的对抗，“鹰鸽博弈”却是两个不同群体——一个崇尚和平而另一个倾向于争斗——之间展开的对抗。当然，“鹰鸽博弈”研究的实际上并不仅仅是鹰和鸽两种动物之间的博弈，也可以一般化为同一物种、种群内部竞争和冲突中的策略和均衡问题，其中“鹰”和“鸽”分别指“攻击型”和“和平型”两种策略类型，在上述经典的“鹰鸽博弈”中，其纯策略纳什均衡为（鹰，鸽）和（鸽，鹰），从收益最大化的角度看，只能有一方达到最优，而不是双赢的结

①“霍布斯丛林”是社会学中的一个概念，是社会学家托马斯·霍布斯设想的“原始状态”，在这种状态下，每个人的生活都是“贫穷、孤独、肮脏、残忍和短命的”，由此生出了弱肉强食的丛林法则。在“霍布斯丛林”中没有道德，没有怜悯，没有互助，有的只是冷冰冰的食物链，所有人都不关心别人，所有人都不惜牺牲别人使自己生存下去。

果。在现实生活中许多现象都与此类似，如企业竞争时的市场进入、西方资本主义国家在世界各地争夺市场等。

但是大家要注意，进化意义上的均衡最大的好处就是保持稳定，也就是说胜出的不一定是好的，因为最好的往往会被当作出头鸟干掉。换句话说，对于个体而言，最好的策略取决于集体中大多数成员都在干什么。这就存在一种类似于惯性的共识：因为大家都这样做，我也应该这么做，甚至有时候不得不这么做。在大家都这么做的前提下，我也这么做是最省事、最简单而且也是风险最小的做法。对社会而言，这种进化稳定策略就构成了一种社会运行的纽带、一种社会稳定的机制，也就构成了社会正常运转及社会和谐的基础。

小结

本章介绍了有关重复博弈及其相关的决策问题。所谓重复博弈，就是指同样结构的博弈重复许多次，其中的每次博弈称为“阶段博弈”。在重复博弈中，每个参与者可以使自己在每个阶段选择的策略依赖于其他参与者过去的行为，也就是采取“针锋相对”或者“以其人之道还治其人之身”的策略。当博弈只进行一次时，或者进行多次但却有明确的结束时间时，每个参与者都只关心眼前的短期一次性的支付；而如果博弈会重复多次且没有明确的结束时间，那么参与者就会为了今后的长远利益而牺牲眼前的利益，让那些在一次性博弈中不可信的威胁或承诺在重复博弈中变成可信的，从而选择可以达成持续合作的行动策略。也正因为这样，在一些长期的博弈关系中，博弈的参与者都会致力于建立自己的良好形象并维护自己的外部声誉，虽然这些声誉在短期内看起来并非经济的，但长期合作的收益所形成的补偿却表明致力于建立这种良好的声誉是博弈参与者的最优选择。关于重复博弈的研究有助于我们理解那些确保长期合作的社会规范或者社会制度，比如“鹰鸽博弈”就反映了不同种群，或者同一种群内部竞争和冲突中的策略和均衡问题，其进化稳定策略就构成了一种社会运行的纽带、一种社会稳定的机制，也就构成了社会正常运转及和谐的基础。

基础练习

一、雨果在其著作《悲惨世界》中讲述了这样一个感人的故事：主人公冉阿让由于忍不住饥饿偷了一块面包被判 5 年苦役，在服刑期间，他四次企图逃狱但均未成功，结果被加重惩罚判了 19 年苦役。当他好不容易出狱，在回家的途中，他的通行证却被盖上了“服过苦役”“请警惕”的字样，因而没有人愿意为他提供工作和住宿。一位好心的神父收留了他，并为他提供了一张温暖舒适的床，但冉阿让回想自己的经历，认为世上没有人会真心信任他，因而一不做二不休，在夜里企图偷窃神父的东西，被神父发现后还打晕神父并盗走银餐具。结果，冉阿让被警察盘问银餐具的来源并又押回来见神父。神父却说银餐具并非冉阿让所偷，而是送给他的，这一句话让冉阿让免受再次入狱之苦。然而现实生活中，有多少人会像神父一样宽恕一个偷窃自己东西的人呢？这样的宽恕是否真能帮助偷窃的人改邪归正呢？假设我们把这个故事看作冉阿让和神父的博弈。博弈矩阵如习题图 7-1 所示。

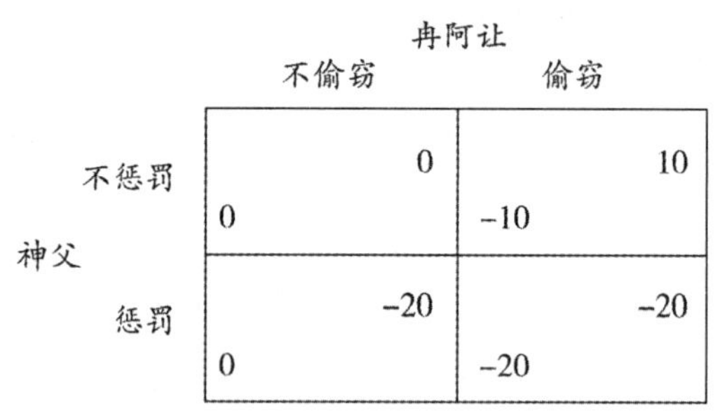

神父 \ 冉阿让	不偷窃	偷窃
不惩罚	0（右上）；0（左下）	10（右上）；-10（左下）
惩罚	-20（右上）；0（左下）	-20（右上）；-20（左下）

习题图 7-1

请你用“一报还一报”的策略作为思考的出发点分析这个博弈矩阵。

二、习题图 7-2 和习题图 7-3 所示的“囚徒困境”博弈会一直重复下去，而且没有确切的结束时间。那么，哪个博弈的参与者更可能出卖对方呢？

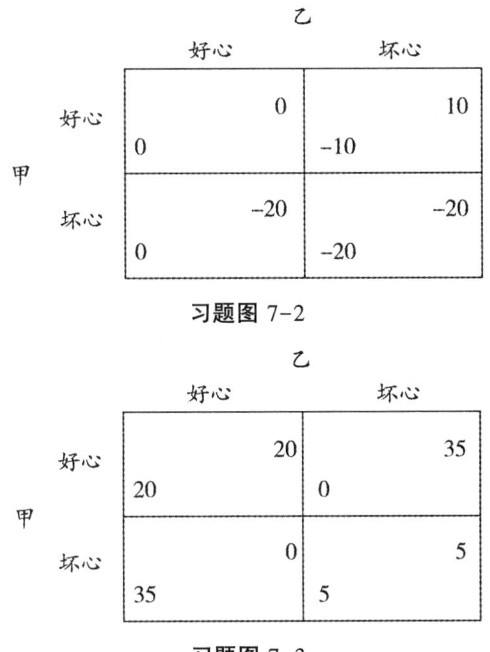

甲 \ 乙	好心	坏心
好心	0 0	10 -10
坏心	-20 0	-20 -20

习题图 7-2

甲 \ 乙	好心	坏心
好心	20 20	35 0
坏心	0 35	5 5

习题图 7-3

第 8 章

议价博弈：洞悉谈判的决策

一旦一名策略谈判者发现，外部机会越好，他能从讨价还价中得到的收益也越大，他就会寻找策略做法，希望改善他的外部机会。

——阿维纳什 · 迪克西特（Avinash K. Dixit）

萧伯纳说过，经济学是一门最大限度创造生活的艺术。而在大多数情况下，这种创造的基础是讨价还价，或者说讨价还价是创造生活艺术的一种具体方法。生活原本精彩，冲突层出不穷，谈判无处不在，博弈无所不用。谈判就是讨价还价，就是行为主体之间的博弈问题，也就是双方进行策略选择的一个过程。

托马斯·谢林（Thomas C. Schelling）在其经典著作《冲突的战略》中对讨价还价做了非常细致的分析，得出一个重要的结论："在讨价还价的过程中，限制自己的选择往往导致对手让步。"我们可以这样理解，对方认为自己不可能做出进一步的让步时，协议就达成了。让步是谈判达成并实现共赢必不可少的隐私，任何一方过于强势都可能导致谈判失败。

冲突与谈判

前面说过，冲突是我们在这个世界面对的最多的问题，不管是在个人日常生活中，还是在商业运营中，抑或是在国家政治交往中。在某个群体内或者某些群体之间，当某人追求的目标或利益与其他人不同时，就会或直接或隐含地产生分歧和矛盾，这可能是心理体验的冲突、人际交往的冲突或者是各种利益的冲突。说到什么是冲突，各领域的概念各不相同，管理心理学认为，冲突是人们对重要问题意见不一致而在各方之间形成摩擦的过程，即由于目标和价值理念的不同而产生对立或争议的过程。分析一下这个概念，我们会发现其中包含了三种主要类型的冲突：利益冲突（如工资晋升和奖金分配时的矛盾）即由利益矛盾引起的对抗性行为；认知冲突（如价值理念和处事观点的分歧）即属于较为内在的理念反应；规范冲突（如违反惯例和触犯制度的冲突）即围绕社会准则产生的对抗性行为。表 8-1 就举例说明了冲突存在的广泛性。

想一想

冲突和合作是孤立存在的吗？

表 8-1 各类冲突水平及举例

冲突水平	举例
国家或地区冲突	国际贸易争端
	国家主权领土之争
组织间冲突	企业对市场的争夺
	企业贷款合同违约
组织内冲突	企业联盟成员的背叛
	经理人员与董事会的目标背离
群体间冲突	企业销售产品给消费者
	城管人员与摊贩的对峙
群体内冲突	部门内奖金分配的矛盾
	单位内各部门的利益冲突
个人间冲突	夫妻间的家庭纠纷
	职场岗位的竞争

正因为冲突存在的广泛性，博弈论才大有用武之地。因为博弈论就是致力于冲突和非合作博弈的研究，将冲突化解，将非合作转化为合作共赢，这也是我们学习和研究博弈论的目的之一。英国著名的政治家本杰明·迪斯雷利（Benjamin Disraeli）曾说过："没有永恒的敌人，也没有永恒的朋友，只有永恒的利益。"这便是站在理性经济人角度对冲突的一种阐述（如果有人认为应该提倡"君子之交淡如水"，我在此不会反驳，因为这超出了我们的假定范畴），而能在其间担负起重要的桥梁作用的就是谈判或者交涉。所谓谈判，简单地讲，就是以某种利益的满足为目标，是建立在行为人需要的基础上的一切协商、交涉、商量、磋商等活动。

那么，在什么情况下，谈判才有作用呢？我们说各利益主体之间既可能有冲突也可能有合作，既会有绝对的合作，也可能有完全的冲突，尽管这种情况非常少见。如果是绝对的合作或者是完全的冲突，还需要谈判吗？谈了能起作用吗？显然不能，而且也没必要。下面举个例子来使读者加深对此的认识。假设甲、乙两家公司在竞争同一个目标市场，两个企业可以选择独立开发市场，也可以选择共同开发市场。在这里，独立开发市场就代表着"冲突"，共同开发市场就代表着“合作”。

在第一种情况下，双方的博弈决策树如图 8-1 所示，其中括号内的支付代表（甲公司，乙公司）。对于乙公司而言，无论甲公司选择独立开发市场还是选择共同开发市场，乙公司选择独立开发市场就是最优的策略，可以获得 2 个单位的支付。当乙公司选择独立开发市场（冲突）时，甲公司的最优反应策略就是独立开发市场，可以获得 2 个单位的支付。在这个博弈中，甲、乙两家公司如果一个选择独立开发市场，另一个选择共同开发市场，结果都是不利于合作一方也就是选择共同开发市场的一方（获得-10 个单位的支付）；如果都选择合作，希望共同开发市场，结果对双方都不利，各自获得-1 个单位的支付。

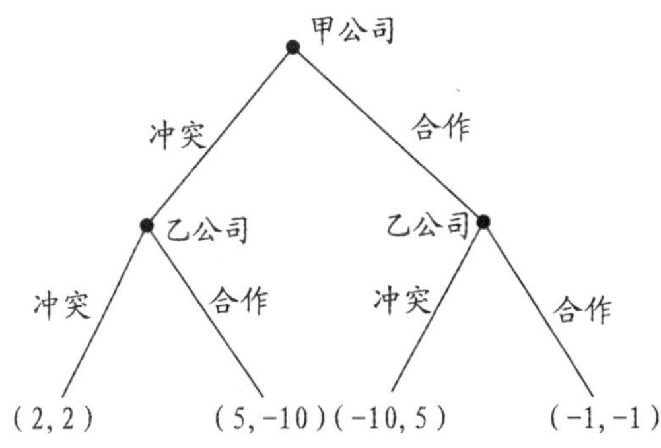

图 8-1　完全冲突博弈

基于此，这个博弈的均衡结果是甲、乙两家公司都会理性地选择独立开发市场，各自获得 2 个单位的支付。所以这个博弈就是完全冲突博弈，没人愿意合作，那么谈判就不会起作用，也就没有谈的必要。这里要说明一下，这里的“完全冲突博弈”以及下面的“合作冲突博弈”是我自己创造出来的说法，是为了分析的方便。相信读者可以理解它们的意思，如果在其他资料中找不到这样的词汇，请不要惊诧。

在第二种情况下，双方的博弈决策树如图 8-2 所示。对于乙公司而言，无论甲公司是选择独立开发市场（冲突）还是选择共同开发市场（合作），乙公司选择共同开发市场都是最优的策略，可以获得 5 个单位的支付。当乙公司选择共同开发市场（合作）时，甲公司的最优反应策略就是共同开发市场，可以获得 5 个单位的支付。在这个博弈中，甲、乙两家公司如果一个选择独立开发市场，另一个选择共同开发市场，结果都是不利于冲突一方也就是选择独立开发市场的一方（获得-20个单位的支付）；如果都选择冲突，希望各自独立开发市场，结果更糟，各自获得-10单位支付。

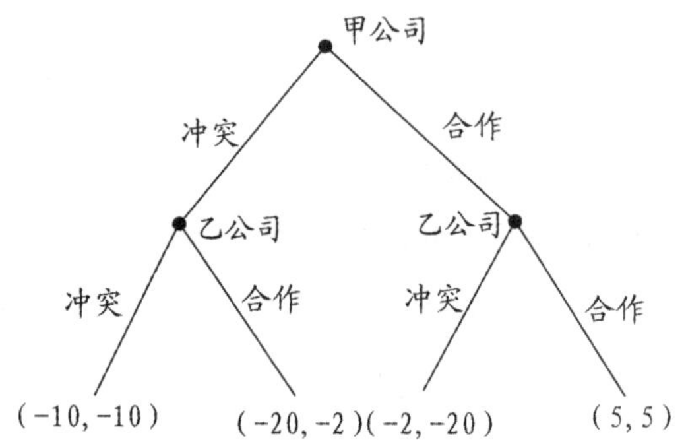

图8-2　完全合作博弈

基于此，这个博弈的均衡结果是甲乙两家公司都会理性地选择合作开发市场，各自获得5个单位的支付。所以这个博弈就是完全合作博弈，没人愿意冲突，那么也就没有必要为了希望得到合作的结果而谈判了，因为你不谈也能得到想要的结果（合作，合作）。

假设还有一种情况，双方的博弈决策树如图8-3所示。对于乙公司而言，在甲公司能够合作共同开发市场的前提下，乙公司选择合作的话，就可以获得2个单位的支付，而乙公司如果选择独立开发市场，则可以获得3个单位支付。在甲公司选择冲突即独立开发市场的前提下，乙公司如果选择合作，就只能获得-5个单位的支付，而乙公司如果选择独立开发市场，则可以获得1个单位的支付。对于甲公司而言，情况类似。总之，如果甲选择冲突策略，乙最好也选择冲突策略；如果甲选择合作策略，乙最好也选择冲突策略；如果乙选择冲突策略，甲最好也选择冲突策略；如果乙选择合作策略，甲最好也选择冲突策略。

由此可见，这个博弈中，既存在合作的可能，也存在冲突的可能，所以这个博弈就是合作冲突博弈，如果不谈判，根据理性经济人的行为准则，他们会自动背离集体理性，从而形成“囚徒困境”，都会选择冲突策略，即（冲突，冲突），那么就不会自动出现双方想要的结果（合作，合作）。所以，这类既有冲突又有合作的博弈就需要参与者能够通过谈判实现最佳的策略组合。因为在谈判中，劣势与优势可以相互转化。当然，谈判需要做出的承诺或者发出的威胁，必须是可信的，前面第 5 章已经分析过这个问题了。

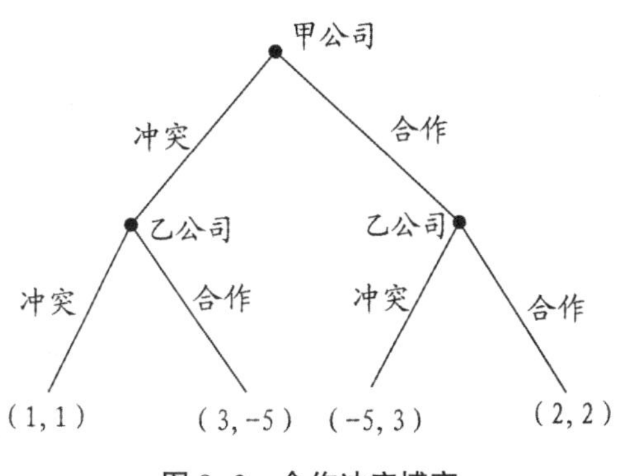

图 8-3　合作冲突博弈

讨价还价

讨价还价博弈（bargaining game）是博弈论研究的重要内容，是研究诸多领域中利益分配问题的有力工具，很多现实生活中的交易和协调问题都可以通过讨价还价博弈来解释。实际上，只要有冲突就有讨价还价。所以，现实中总是充满了讨价还价的情形，如前面表 8-1 所示，大到国家之间的贸易协定或最惠国待遇条款，小到消费者与零售商的价格达成、部门职工的奖金分配，再到厂商与工会之间的工资协议、房产开发商与购房者之间关于房价的确定，以及各种类型的谈判交涉，等等。

下面来看一个有意思的分蛋糕问题。有两个小孩子——甲和乙——吵着要吃蛋糕，于是妈妈亲自下厨去烤蛋糕，做好之后将这个蛋糕给了孩子，但是没有说每个孩子分多大一块。两个孩子商量了一下，为了尽快分享这块蛋糕，他们提出了一种同时报价的分配规则（为了分析的方便，不妨称其为分配方案 1）：两个人同时并且独立地提出所需要的分量，当两人所需要的分量之和超出或小于蛋糕大小时，双方都不能分配这个蛋糕。在这种分法中，假设甲要求得到 x 大小的蛋糕，乙要求得到 y 大小的蛋糕，只要 $x+y=1$，这个分配方法就是均衡的。也就是说，兄弟俩博弈的纳什均衡会有无数个，只要两人所报出的份额相加之和为 1 的组合都是均衡结果，比如甲要 3/4，乙要 1/4；甲要 2/3，乙要 1/3……以此类推，这样就会形成无穷多个均衡点。但是在这些纳什均衡中，总有一些看起来可能性更大一些，这些特定的策略组合就称为聚点（focal points），也可以理解为由于心理上的原因尤其引人注目的那些纳什均衡。一般而言，这类分配问题的博弈所得的无穷多个结果中会存在一个聚点，那就是每个人都分得 1/2 个蛋糕，因为人们在实际生活中总有一种追求公平的心理。但是，如果甲和乙提出的份额之和不等于 1，比如一个提出要 3/5，另一个提出要 1/2，那么这个蛋糕就无法分配，一次性达成均衡还是很难的，所以他们必然要求重新报价。在这样的不断重复之后，他们之间可能会达成一种共识——按照最公平的方式即“五五开”来分享这个蛋糕。当然这也可能依赖于过去的经验，比如哥哥以前每次都吃得多点儿，不论是苹果还是其他食物，大致为 3/5，那么为了尽快分享这个蛋糕，两兄弟可能会达成 3/5 和 2/5 的分配方案。可见，聚点结果可能会产生“僵局”，如果谁也不让谁，那就会骑虎难下了。

想一想

讨价还价问题的特点在于，参与其中的当事方既有共同利益，又有利益冲突，但可以通过不同的协议产生不同的利益分配。可以这样理解吗？

他们又提出了另外一种顺序报价的分配规则（不妨称之为分配方案 2）：其中一人首先提出所需要的分量，另一人选择同意或拒绝，如果同意，自己就获得剩下的蛋糕；如果拒绝，双方均不能吃蛋糕。这就是一种最后通牒博弈（ultimatum game），这被当成谈判破裂前的“最后的话”。很显然这里呈现出一种先动的优势，如果甲先提出报价，那么乙要么被动地接受，要么拒绝。假设甲要求分 9/10，这时乙也只有接受剩下的 1/10，因为这是一次性博弈，如果乙不接受，那么双方连一丁点儿蛋糕都分不到，从理性经济人的角度来看，这种情况显然不会出现。理论上讲，按照理性经济人假设，在此类最后通牒博弈式的资源分配的博弈中，只要先报价者将少量资源分配给响应者，响应者就应该同意，因为这要比什么都得不到好。但是实际进行的实验也充分表明，只有当先行动者留给响应者的资源份额足够时，这样的分配方案才能通过。

如果我们可以让这个博弈重复进行，也就是双方可以多次讨价还价的话，那么这个博弈可以描述为图 8-4 所示的博弈决策树。这里给出的是一个三阶段的重复博弈，第三阶段是最后通牒，同意则执行，不同意则双方都一无所获，括号内的支付为（甲，乙）。

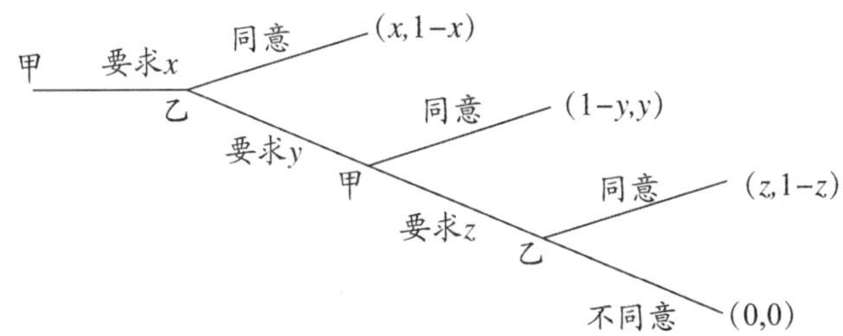

图 8-4 三阶段最后通牒式分蛋糕博弈

首先，甲提出自己的分配方案，要求分得 x，如果乙同意，则协议达成，博弈的结果为（x，$1-x$）。如果乙不同意，则回应提出要求分配 y，博弈进入第二阶段，此时如果甲同意乙的方案，那么二人的支付为（$1-y$，y）。如果甲不同意乙的方案，那么甲再次提出自己的要求，希望分配 z，博弈进入第三阶段。此时，如果乙同意，那么二人的博弈支付结果为（z，$1-z$）；如果乙不同意，那么方案在最后一轮博弈中遭到参与者的拒绝，分配失败，双方的支付为（0，0）。

从以上这个三阶段最后通牒式分蛋糕博弈中，我们可以发现分蛋糕的多阶段博弈关键在于最后一轮的出价者，谁是最后一轮的出价者谁就能获得更多的收益。当谈判的多阶段博弈是单数阶段时，先报价者就具有“先动优势”；当博弈是双数阶段时，后报价者具有“后动优势”。因为在这类博弈的最后一个阶段中，只要报价者提出的方案不是很过分，回应者都会尽可能接受，否则就什么也得不到。在生活中会遇到很多这样的现象。

前面举例说的是分蛋糕，不管怎么分，不会因讨价还价而变少，但是如果把蛋糕换成冰激凌，情况就不一样了。因为随着谈判的进行，冰激凌在不断融化，争吵的过程就是冰激凌变成一摊奶油的过程。如果分配冰激凌的规则还是以上分蛋糕的这个规则。那么双方就必须尽快达成一致，否则谁都吃不到。为了简化问题，假设只有两次讨价还价的机会，一轮过后冰激凌化掉一半，两轮过后如果还不能决定，冰激凌就全部化掉了。在第一轮，第一个孩子（甲）显然有先动优势，他甚至可以提出 100% 地占有这个冰激凌，但是乙肯定觉得这不公平，于是断然拒绝这个提议，这样一来，博弈就进行到第二轮。这一轮的博弈显然对乙有利，他占据了后动优势，可以提出一个新的建议，此时冰激凌已经融化了一半，乙也可以提出占有剩下的冰激凌。假如二人至此还不能达成一致，就只能看着冰激凌彻底融化而叹息了。

所以，在第一轮博弈中，甲就必须预估自己提出的方案会产生什么后果。他也知道，如果自己的方案遭到乙的拒绝，乙就有了后动优势，反过来只能针对剩下的一半冰激凌提出新的分配方案了。这就意味着，乙实际上把剩下的一半冰激凌掌握在手里，所以他不会接受任何低于甲第一轮条件的反建议。一旦看清了这一点，甲在一开始就会提出与乙平分这个冰激凌的建议，这刚好满足了既能被对方接受而又为自己保有一半冰激凌的条件。于是他们就会立刻达成协议：平分这个冰激凌。其实在现实中，随着讨价还价的步骤的增加，博弈双方也会越来越接近一半一半的分配方案，这是一个简单的规律。

在上述这类资源分配的博弈中，在一名报价者提出方案后有多名响应者参与博弈时，这一博弈就成为“海盗博弈”，其内容是这样的：有五个非常聪明的、理性的海盗，分别编号为 P_1、P_2、P_3、P_4、P_5。他们一同抢夺了 100 个金币，现在需要想办法分配这些金币。海盗们有严格的等级制度：$P_1 < P_2 < P_3 < P_4 < P_5$。海盗们的分配原则是：等级最高的海盗提出一种分配方案，然后所有的海盗投票决定是否接受分配，包括提议人。并且在票数相同的情况下，提议人有决定权。如果提议通过，那么海盗们则按照该提议分配金币。如果没有通过，那么提议人将被扔到海里，然后由下一个最高等级的海盗提出新的分配方案。假如你是等级最高的海盗头目 P_5，你会做何分配决策？

要解决这个问题需要明确三点准则：首先，参与者要能活下来，不能被扔下海。其次，参与者要使自己的利益最大化，就是获得的金币尽可能多。最后，优先选择利用规则把其他海盗扔下海。看起来问题有些棘手，那不如提议给自己留下很少的金币，其他的金币给另外几个海盗分了吧，如何呢？

读者朋友们，先别伤脑筋了，不妨换个思路，采用倒推的方式来考虑这个问题。假设现在只剩下 P_1 和 P_2 两个海盗了，作为此时的海盗头目，P_2 肯定会提议把 100 个金币留给自己，然后利用"票数相同的情况下提议人有决定权"的规则投自己一票，也不用管 P_1 是否同意。假如现在还有一个 P_3，那么 P_1 就知道，只要 P_3 被扔下海，游戏就会出现上述情况，自己将一无所获。而 P_3 同样能够认识到这一点，所以 P_3 知道，只要给 P_1 一点点利益诱惑或者许诺，P_1 就会投票支持 P_3 的决策。所以 P_3 最终的决策应该是（99，0，1），即：P_3 分 99 个金币，P_2 分 0 个金币，P_1 分 1 个金币。如果还有 P_4 存在，那么 P_4 就需要一半以上的支持才能使自己提出的方案获得通过，所以 P_4 需要给 P_2 一点利益诱惑，以保证 P_2 支持他。所以，P_4 最终的决策应该是（99，0，1，0），即：P_4 分 99 个金币，P_3 分 0 个金币，P_2 分 1 个金币，P_1 分 0 个金币。现在倒推到 P_5 存在的情况，P_5 知道自己要收买两个海盗才能保证获得一半以上的支持率，所以他的策略就应该是（98，0，1，0，1），即：P_5 分 98 个金币，P_4 分 0 个金币，P_3 分 1 个金币，P_2 分 0 个金币，P_1 分 1 个金币。这个"海盗博弈"之中蕴含着递归的思想，而这个思想可以解决许多现实中棘手的问题。

但是你还是不应该羡慕海盗头目有多么幸运，因为问题还没有结束。前面举例是 5 个海盗有 100 个金币。如果金币还是 100 个，但是海盗人数增加到了 50 个、100 个、200 或者更多呢？如果海盗人数众多，头目就实在没有足够的钱去贿赂其他海盗以获得足够的支持，在每两个能够做出决策保住自己生命的海盗之中，就会存在着一些无论如何决策都会导致头目被扔下海的海盗。所以，你可以看到，在一个单位里，当管理的下属人数多起来时，管理者不但可能得不到什么好处，甚至连位置都可能保不住。所以说，人口少的国家，更容易出现独裁统治；而当人口增多、资源紧缺时，领导者就很难满足大多数人的利益诉求，其统治地位也就可能不稳了。

拍卖

我们为什么要研究拍卖？这个问题很复杂。先来说一件事，你或许就明白了。假设一座城市的市长决定修建新的市政大厅，要是他能够不受约束地选择建造该市政厅的建筑商和材料提供商，并能够随意开价的话，那么得到这个建筑资格的商人可能就是市长的亲戚朋友或者给他提供更多利益的人。但是如果这个市政厅工程必须通过招投标竞争才能确定承建单位的话，要想欺骗公众以瞒天过海就变得很困难了，那么市长在投标中违规作弊所遇到的困难或者潜在的惩罚就会超过他可能获取的利益。从这个意义上讲，拍卖可以解决一些可能存在的不良的委托-代理问题（第 10 章中会再谈这个问题），可以减少或阻止不诚实交易。

随着理论研究和实践的深入，投标的方式方法越来越多，有英式拍卖、荷兰式拍卖、第一价格密封拍卖、第二价格密封拍卖、美式拍卖、双方叫价拍卖等。这里介绍几种。

英式拍卖（english auction）。英式拍卖也称为公开拍卖或者增价拍卖，买者自由地轮流出价，且出价是逐步提高的，直到没有人愿意支付更高的价格为止。这种拍卖方式是目前十分流行的方式，它使投标者的参与变得相对容易。比如，你在拍卖现场看中了一款古董瓷器，有很多投标者参与拍卖，起拍价为 5 万元，每次出价涨幅为 1 万元，价格经历了 6 万元、7 万元、8 万元、9 万元……不同的竞拍者给予不等的升价。在这个过程中，不断有竞拍者退出竞拍，因为此时的价格已经高于他心中的预期价格。但是剩下来的每一个竞拍者都不清楚其他竞拍者的心理估价到底是多少，但参与者都知道该竞拍者上一轮的出价是多少。你可以据此估计竞拍者的心理价位，并在最后时刻给出超过他心理价位的拍卖价格，比如 19 万元，但是该价格又要低于你的心理价位，这样你才能成为最后的获胜者，得到这款古董瓷器。在英式拍卖中，竞拍者的优势策略是：自己的出价总是比先前的最高出价高一个很小的数值，直到出价高于他自己对物品的心理最高价为止。

荷兰式拍卖（dutch auction）。这是一种与英式拍卖相反的公开减价拍卖。开始时拍卖者给出一个相对高水平的价格，之后他不停地降低这个价格，直到有人叫停，叫停的竞拍者就可以当前叫停价买下该物品。比如还是古董瓷器，最初的起拍价为30万元，拍卖者逐步降低所价格，在经历了29万元、28万元、27万元……直到降到19万元，你举牌叫停，作为第一个出价者，你便能够以19万元的价格买下这款古董瓷器。

第一价格密封拍卖（the first-price sealed auction）。在这种拍卖模式下，投标者利用秘密方式（比如将报价写好装入一个信封）同时投标，所有投标人都不知道其他投标人的出价，且一旦提交了报价就没有机会更改。拍卖人当众打开这些信封，出价最高者就是赢家，可以以其所报的价格购买被拍卖物品。

表8-2　第一价格密封拍卖举例

竞标者	出价/万元	是否中标	心理估价/万元	支付/万元
甲	18.5	否	19	0
乙	16.5	否	17	0
丙	17	否	17.5	0
丁	19	是	19.5	0.5

我们要明确一下，每一个投标人都是根据自己对该拍卖品的评价以及他人的评价来判断拍卖品的价值，并选择自己的报价，一般报价低于投标人对该拍品的心理估价。最终赢得拍卖品的投标人所获得的支付就是他对该物品的评价（也就是心理价值）减去他所报出的价格。如表8-2中，丁出价最高，以19万元获得该拍卖品，他对该拍品的心理估价为19.5万元，所以成交后的支付为0.5万元。而其他投标人的支付就是0，因为出价低于丁的报价而没有获得该拍卖品。在这里，假如你是以自己对该拍卖品的心理估价为投标价格并成功中标，那么你其实是毫无所获的，因为你的付出和你的所得完全相等。你也不可能以高于你对该物品的心理估价的报价去投标这个拍品，因为你购买该拍品的成本大于

你的收益。基于此，你所报出的价格越低，中标的好处就会越大，但是你所冒的风险也就越高，因为实际中标的机会会更小。所以，你应该在投标之前估计一下别的投标人可能报出什么价格。

表 8-3　第二价格密封拍卖举例

竞标者	出价/万元	是否中标	心理估价/万元	支付/万元
甲	19	否	19	0
乙	17	否	17	0
丙	17.5	否	17.5	0
丁	19.5	是	19.5	0.5

第二价格密封拍卖（the second-price sealed auction）。这种拍卖模式是由1996年诺贝尔经济学奖获得者维克瑞（William Vickrey）设计的，因而又被称为“维克瑞拍卖”，具体规则是这样的：每个竞标者分别向拍卖方提交自己的报价，而且他们不知道别人的出价，出价最高的竞标者将获得拍品，并按所有的出价中仅次于最高出价的第二高价格支付给卖家。

由表8-3可以看出，丁的出价19.5万元最高，从而成功拍得该物品，但是他只需要支出甲所报的价格19万元，这样一来，竞拍者丁成功竞拍该物品的支付为0.5万元。这个第二价格密封拍卖和第一价格密封拍卖相比，成功竞拍者都是丁，但是丁在两次拍卖中的报价却不同，而且有一点令人惊奇的是：竞拍者对拍品的心理估价是多少，就会报出多少的价格。对丁而言，心理估价为19.5万元，所以他就以这个价格来投标，最终中标。

按照第二价格密封拍卖的规则，投标金额的大小决定了投标者会不会中标，但是不能决定他要付多少钱。换句话说，报价第二高的投标人也不会产生额外的成本支出，而省下来的费用则是一个正的外部效应。理论上来讲，只要赢得拍卖的投标者能够从这个正的外部效应中得到补偿，他就有说真话的动力。在这里，所有投标者还是应该报出一个真实的估价，提高报价可能使你以高于实际价值的价格赢得这场拍卖；同时，压低报价也并不能为你省钱，反而可能使你出局，尽管你本来非常愿意支付第二高的报价。在这种投标拍卖方式中，只有当投标者的中标金额低于他的心理估价时，他才愿意投标。如果按照投标者的心理估价来投标，只有当第二高的报价低于拍卖品的价值时，投标者才会中标。其实，在实际拍卖中，可能会由于各种不同的原因，有些竞标者会做出不理智的行为，出现竞标价格与实际价值相差甚远的情况，这将对其他投标者和拍卖者造成不良影响，而第二高价格却往往与实际价格比较接近。

其实，假如你知道所拍物品的真实价值，而且拍卖本身很公正合理，那么你的最佳策略就是按照自己对所拍物品的心理估价来报价，而且不要涨价。还要提醒你的是，如果有人的报价超出了你的报价，千万不要追涨，因为如果你中标的话，成本费用就会超出你所拍的物品对你的价值，你将不会获得任何好处。另外，在采用此类拍卖方式时，你应当在拍卖一开始就给出你可能报出的最高报价（对该拍品的心理估价），不要浪费时间在一点一点地抬高报价的过程上。也就是说，一件对你而言价值100元的拍品，你在一开始就报出100元的报价，和你从最初报价20元，然后再跟着别人的报价一点一点增加到100元相比，节约了时间，拍卖的结果也是一样的。

理论上来讲，以上拍卖机制都可以很好地实现预期的效果，都能真实地反映所拍卖物品的真实价值。在没有串谋的情况下，每个投标者的最优策略就是按照自己对拍卖商品的心理估价投标。当报价低于这个心理估价时，将降低投标者赢得拍品的概率；而报价高于此心理估价时，虽然可以提高投标者赢得拍品的概率，但对投标者来说是一场无利润的交易。另外，我们要知道，在拍卖过程中一旦出现投标者之间合谋、拍卖者与投标者串通、拍卖商道德风险等问题，都可能破坏这种交易方式的有效性。

赢者诅咒

为了继续讲解下面一个问题，我们先来解释几个相关的概念。前面谈到的拍卖，比如拍卖古董瓷器，属于私人价值拍卖。在这类拍卖中，拍品对不同竞标者的价值可能并非独立的，每个竞标者都确切地知道该拍品对自己的价值，但是却不能从其他竞标者的估价中得到对自己的估价有用的信息。在私人价值拍卖中，竞拍者对拍品的心理估价是他自己对标的物价值的个人评价，只有在所拍物品将会被再次出售的情况下，竞标者的估价才会取决于他再次出售该物品时所能得到的价格，这一价格又是由其他买家对物品的估价所决定的。尽管竞标者事先如果知道其他竞标者对该拍品的估价，可能会改变该竞标者的报价策略，但是却不能改变该竞标者对于该拍品的估价。

但是现实中，有很多拍卖的标的物是有一个客观实际的价值的，该价值对所有竞标者而言都是相同的，比如拍卖一块油田、拍卖一块位于城市中心的土地、拍卖 5G 牌照等。但是，在拍卖时没有竞标者可以确切地知道所拍标的物的这一共同价值，只能根据他们各自掌握的不同信息（比如地质勘探、房地产市场调研、5G 市场容量预测等）对其进行估价。这种拍卖就属于共同价值拍卖。在这种拍卖中，竞拍者的估价中存在一个共同部分，即再次转手的价格或一些相关品市场上的价格情况，比如油田整块被再次卖出或者开采的石油被售出所获得的收益。所有竞标者都试图估计出投标对象的真实价值，会悄悄地打听其他竞标者的估价，而且竞标者了解到其他人的估价信息后很可能会改变自己原先的估价。

以上介绍的私人价值拍卖和共同价值拍卖是比较极端的例子，在现实生活中，拍卖标的基本都是这两种拍卖兼而有之的情况，拍卖估价也是私人估价和共同估价的组合，一般称为相关价值拍卖。在相关价值拍卖中，不同买家对物品的估价是相关的，但被拍卖物品对各个买家的价值可能是不同的。

我们现在需要回答一个问题：赢得拍卖就是获得最终的胜利了吗？前面已经明确了，在任何形式的拍卖中，竞拍人的报价肯定要按照自己对拍品的心理估价而定，但是这个心理估价毕竟是竞拍者主观的感知，而拍卖品的真实价值是不确定的，所以赢得拍卖品的中标者虽然出价高于其他竞标者，但他也有可能对拍卖品的心理估价过高，以至于付出的购买成本超过所拍物品的真实价值，于是赢得拍卖品后所获取的收益会低于正常收益，甚至收益为负值。这种情况就被称为“赢者诅咒”（winner ' s curse）。

举一个例子或许你就明白了。假设有一片国有产权的果园要对公众拍卖，采用英国式拍卖的方式。这是一个相关价值拍卖，因为竞标者对这个拍卖标的有主观的价值判断，同时果园的产出也有一个实际的价值。小墨是五位参与竞标的人之一，他估计这片果林的每年产量为4000吨，如果其他竞标者的估计值要比小墨的估计值稍低，那么小墨就可能喊出一个比较高的报价而赢得这次果园拍卖。但是根据从其他竞标者那里获取的信息，小墨也许高估了这片果林的实际产量，甚至有可能小墨的估值过高以至于他的报价大大超出了果林的实际产量或者实际价值（根据实际销售数据，这片果园的真实价值大概为30万元，但是这个信息不一定能有效地被竞拍者获取），那么虽然他竞标获胜赢得这片果林，也会承担损失。这个拍卖中有关报价的主要信息如表8-4所示。

在这个拍卖中，甲、乙、丙、丁和小墨五位投标者对这片果园的估价各不相同。丁的估价最低为21.5万元，他最高报价到21万元，拍卖师喊到21万元以上时，丁就退出了竞拍。其后是甲，他的心理估价是30万元，所以他最多报价30万元，当报价继续上升时，甲也退出了竞拍。再后面是乙，也因为报价超出了他的心理估价37万元而退出了竞拍。剩下的只有丙和小墨，二人在37万元之上展开竞争，丙报出49万元的价格之后，小墨再报出50万元的价格，丙也退出了竞拍。最后小墨胜出，获得了这片果园。而小墨对这片果园的心理估价是51万元，看起来他似乎获得1万元支付。但是，这个支付仅仅是他心理上的感觉，因为他的报价显然高出了这片果园的真实价值（大概30万元），所以他实际上是亏损的，而且亏损还不少。

想一想

为什么在某次拍卖中所谓的赢家却变成了实际上的输家？

表 8-4　果园拍卖

竞标者	出价/万元	是否中标	估价/万元	支付/万元
甲	30	否	30	0
乙	37	否	37	0
丙	49	否	49	0
丁	21	否	21．5	0
小墨	50	是	51	1

一些对此领域有兴趣的经济学家搜集了大量现实世界的数据表明：在26%的案例中，最高价超出了次高价的4倍多；77%的案例中，最高价超过了次高价的2倍。比如，在1996年，美国联邦通信委员会（FCC）准备通过“同步加价拍卖”的方式拍卖个人通信服务所使用的频谱，Next Wave个人通信公司成为出价最高的投标人，该公司成功拍下了90项无线业务生产许可，总共为此支付了六十多亿美元，引起各界的热议。但是两年后，该公司发现，随着时间的推移，这些无线业务生产许可的价值日益下跌，自己也无法按时缴纳收购费用，最终导致经营困难，只得申请破产。可见，Next Wave公司赢得了拍卖，却输掉了市场。再比如，20世纪80年代末90年代初，日本经济飞速发展，日本企业在世界范围内收购兼并的案例此起彼伏，日本人曾雄心壮志地要买下象征美国的多处商业地标及一些公司，可是结果却是这样的：三菱财团下属房地产企业三菱地所在1989年以约14亿美元的价格成功竞购纽约洛克菲勒中心，但却在1996年以9亿美元将它转手，最终亏损高达5亿美元；松下电器在1990年以61亿美元竞拍得到美国环球电影公司，却在5年后将其贱卖给了希格拉姆公司。这样的案例比比皆是，有兴趣的话，读者朋友可以查阅一下相关资料。

人是理性的，但是人的理性却是有限的，所以在拍卖会上常常有竞拍者报出不理智的报价。“赢者诅咒”产生的原因来源于一种认知错觉，参加竞拍的人不断地受到价格上涨的正向刺激。在拍卖中，竞拍者为了赢得拍卖，就必须积极地出价，而其他竞争对手也紧跟着他的报价不断加价，这会促使他不断地提高自己的报价。这些报价者的举动对周围的人会产生带动效应，结果诱使其他竞拍人也一起犯系统性的错误。就这样，拍卖价格就在一浪接一浪的高呼加价声中水涨船高，随着血压的升高和心跳的加快，竞拍人特别是志在必得的竞拍人举起的手就变得越来越不理性了，最终那个抑制不住自己亢奋情绪的竞拍人举起了象征自己成为最后胜利者的牌子，却可能会为了赢得这次竞拍而忽略了自己的真实竞拍意愿，中标后的热情也会很快被冲淡，甚至后悔自己的不理性举动。所以，在拍卖中获胜的赢家（中标者）的确还不能笑得太早，因为他们有可能在赢得拍卖品的同时还会获得意外的郁闷——“赢者诅咒”。

选址博弈

你是否纳闷过“为什么有肯德基的地方就会有麦当劳？”你是否想过“为什么苏宁电器和国美电器相隔总那么近？”除此之外，几乎在每个城市的街道上，总是部分地段商家云集，构成了城市繁华的商业区，而另外一些地段却显得很冷清，几乎没有什么商家进驻。

我们先来看一个比较简单的选址问题。在甲和乙两座城市之间，有一条笔直的（这么形容只是为了方便画图）城际公路，这条路上车流量很大，而且假设车流量是均匀分布的。有两家连锁快餐店（A 和 B）都看到了商机，想在这条路上（当然是路边）开一个分店，以招揽来往的车辆和行人。这两家快餐店都知道这么一个道理：通常情况下，车辆或者乘客总是乐意到距离自己最近的快餐店购买食物。那么，这两家快餐店将如何选址呢？

我们想一下，如果两家快餐店入驻这条路，那只有各自都获得一半的顾客流量才是最可靠的，所以必须让自己的快餐店能够覆盖这条城际公路的一半路段。这样一来，A 和 B 两个快餐店就应该分别设在这条城际公路上距离甲和乙两座城市 1/4 处。如果以甲城为初始点（坐标为 0），那么 A 和 B 两个快餐店就应该分别设在距离甲城 1/4 路程和 3/4 路程的位置上，如图 8-5 所示。

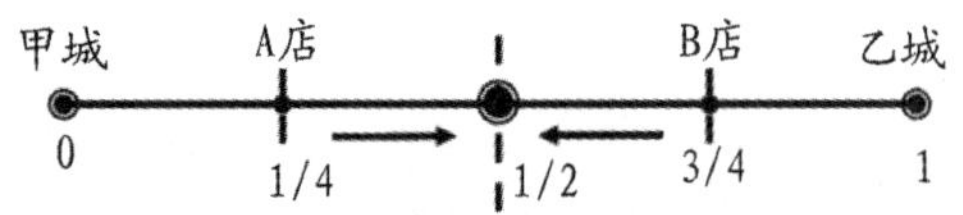

图 8-5 快餐店选址博弈

这样一来，理论上来说每家店都可以拥有 1/2 的顾客量，平均来看，这种策略是最优选择，因为车辆到达快餐店的总距离最短。但是现实怎么样呢？作为两位理性的快餐店的管理者，博弈就此开始了。他们都希望自己的快餐店的生意可以更加好。A 快餐店的管理者会想，如果将自己的快餐店从距离甲城 1/4 路程的地方往中间挪一下，那样自己的覆盖范围不是就可以扩大了吗？这样服务的中点就不是距离甲城 1/4 路程的地方了，而是甲和乙两座城市中间偏右（靠近乙城）一点。对于 A 快餐店而言，这似乎是一个好主意。但是，难道 B 快餐店的管理者想不到这一点吗？B 快餐店自然也会将自己的店往左边（靠近两城中点的位置）移动，也希望争取更多的顾客。如此这般讨价还价地博弈，结果必然是 A 和 B 两个快餐店都设在城际公路的中点附近，这样就可以覆盖到整个路段的顾客，并达到纳什均衡状态，所以我们经常看到两家快餐店相伴为邻且相安无事地一起从事快餐生意。

这里讲的是最简单的直线选址的问题，其实将问题扩大到区域范畴也是一样的。只要条件（比如场地、资金、政策等）允许，大型的超市、商场、影院、饭店、银行等也都倾向于比邻而居，这种现象完全可以看作公正的市场竞争的合理结果，也是城市商业中心形成的原理。这在博弈论中就称为选址博弈，也就是霍特林模型。之所以如此得名，是因为这个模型是由哈罗德·霍特林（Harold Hotelling）提出来的。1929 年霍特林提出了空间竞争理论，其中一个著名的例子是霍特林的卖冰激凌理论，我们这里介绍的开快餐店的案例就是来源于此。要注意的是，这个模型分析的是，在其他因素给定的情况下，厂商经营位置的选择。而厂商的位置一旦选定，那么竞争就是另一个层面的事了。一般而言，消费者会认为两个厂商或者两种产品在地理或特征空间中越接近，它们就越是好的替代品。这样一来，厂商或产品也就只需要与邻近他们的厂商或产品展开直接竞争，两个厂商各自都有一定的市场影响力。

有一个电影博弈也可以归结为霍特林博弈。制片方要为自己的电影选择一个合适的上映时间，这是一个技术性很强的工作，他们的目的是让更多的观众买票看电影。其实，电影上映日期的选择，就是不同制片方在一个时间节点竞争的过程。制片方都知道观众的偏好集中在某个黄金时间段，都倾向于将自己的电影上映时间向某个日期靠近一点，竞争的最终结果就是许多影片集中在同一个黄金时间段内上映。只要有些重磅电影的上映日期不确定，其他电影都不敢盲目投放，而一旦某部重要电影确定了上映日期，其他电影也会一哄而上，最终便出现扎堆上映的现象了，特别是在某些重要的时间段，比如年底贺岁档期、五一和十一节假日档期等。

想一想

电视台之间在黄金档节目播放时段上的重叠问题，是不是也属于选址博弈？

边缘政策

1962 年 10 月，一场古巴导弹危机将整个世界拖到了爆发核战争的边缘。苏联在当时领导人赫鲁晓夫的领导下，在古巴距离美国 90 英里（约 145 公里）的地方部署核导弹。10 月 22 日，美国总统肯尼迪宣布对古巴进行海上封锁。在经过几天的公开表态和秘密谈判之后，赫鲁晓夫同意避免正面的冲突，美国也做了一些妥协。最终，苏联宣布将拆除在古巴部署的导弹，并装运回苏联。至此，世界在核战争边缘走了一圈又恢复了平静。早在 1956 年，时任美国国务卿的杜勒斯就提出美国应该“不怕走到战争边缘，但要学会走到战争边缘，又不卷入战争的必要艺术”。这种主张便被称为“战争边缘政策”。

当前，国际形势中不稳定、不确定、不安全因素日益突出，在我国全面建设社会主义现代化国家新征程中，必然会遇到各种风险挑战。在中华民族伟大复兴的战略全局和世界百年未有之大变局交织激荡中，以习近平同志为核心的党中央深刻洞察和科学把握国际国内大局大势，推动构建人类命运共同体，展现负责任大国担当。我们贯彻总体国家安全观，以坚定的意志品质维护国家主权、安全、发展利益，国家安全得到全面加强。我们全面推进中国特色大国外交，坚定维护国际公平正义，倡导践行真正的多边主义，旗帜鲜明反对一切霸权主义和强权政治，毫不动摇反对任何单边主义、保护主义、霸凌行径。未来，面对外部势力的挑衅，我们要保持战略定力，集中精力办好自己的事情，做到“任凭风浪起，稳坐钓鱼台”。

在古巴导弹危机事件中，苏联走到了核战争的边缘，但是却看到了他们不愿意看到的景象，因此宣布撤退。美国采取的一系列行动，特别是军事封锁，让苏联认识到如果不让步的话，最终将引发两个超级大国之间的一场核大战。当然，肯尼迪并没有直接向赫鲁晓夫发出“如果你们对抗，我们就将发动一场核战争，必将毁灭我们两国”这样几乎不可置信的威胁，而是通过军事封锁传达了“我们的军事封锁已经开始了。你对抗我们的时间越长行动越多，就越可能造成局面失控。如果这个风险不能得到控制，我们谁都不能阻止核战争的爆发。现在，只有你接受我们的意见并从古巴撤出导弹，才能缓和紧张的局势”这样一个不确定但却更加可信的信息。这个信息显然充分地震慑了同样是理性人的赫鲁晓夫并迫使其妥协。很显然，爆发核战争这一可怕后果同样也会令肯尼迪感到恐怖，他曾认为军事封锁会引发双方战争的可能性介于三分之一到二分之一之间。

所以，我们可以看出，边缘政策博弈是一种将博弈参与者和其他对手置于灾难发生的可能性逐步增大的风险中的一种战略，但是可怕的灾难结果实际上发生与否并不完全在发出威胁一方的控制之中。这个博弈的本质就在于故意制造风险，当这个风险达到你的对手无法承受的地步时，就会迫使他按照你的意愿行事，以化解可能的风险。利用边缘政策，可以增大自身的谈判优势。例如在古巴导弹危机中，正是肯尼迪将全世界向爆发核战争的大角度斜坡上往下拖了一些，才迫使赫鲁晓夫不敢继续冒险走下去，于是达成了协议。

事实上，一个威胁会带来两方面的风险。一方面，这个威胁可能失败，竞争对手可能会对抗，那将使博弈参与者不得不在蒙受很大损失的情况下执行威胁行动。另一方面，威胁可能在不应该付诸实践的时候得到实施，或者也许竞争对手选择了顺从，但威胁行动也可能由于失误而发生。大多数威胁都伴随着行动会失误的“擦枪走火”式的风险，当这种风险出现时，威胁行动给博弈参与者带来的成本是首先需要考虑的一个问题。

现实中，这种博弈是随处可见的。

假设有一家大型企业，一线员工众多，而这些员工都加入了一个共同的工会组织，随着通货膨胀率的不断提高，该工会组织就想在合同到期的时候，重新启动与企业管理者的谈判，以签订一份对工人更加有利的新合同。可以想象，当工会组织提出的工资要求不能得到企业管理层的同意时，工人们或许会举行罢工，而罢工行为很可能导致企业倒闭，这样的结果对双方都是灾难性的。如果你是工会组织的领导人，要想避免“擦枪走火”导致的“鱼死网破”，你该怎么做？

原来的工人集体合同快到期了，你不可能不着急，因为你是工会组织的领导，你要为所有工会成员负责任，尽管你可以要求工人们照常工作，但是如果工会提出的要求不能被满足，那么举行集体罢工的想法必然会在工人之中升腾起来的。更何况，劳资双方的谈判结果本身就是不确定的，是有风险的。你也知道，如果真的举行了大罢工，这对双方而言都不是好的结果，你认为这个威胁可信吗？即使真的罢工了，能持续多久呢？总不能永不返岗吧。

第一，你应该在谈判开始时就寻找到一个比较小且又比较安全的威胁。你不应该将罢工的想法传达给工人们，而应该先与工会的高层人员讨论可能出现的问题，并着手启动与企业管理层的谈判。第二，你千万不能直接告诉企业管理层，如果工会提出的要求得不到满足，就会举行全员罢工。因为这个威胁无论如何都不可信。只要你们还在进行谈判，就不要抛出这样的威胁。你应该让工人们一致声称要求获得高工资，并私下散布一些有关罢工的传言，让工人们群情激奋起来。这样会使企业管理层感到，继续开出低工资的前景不妙，为了避免更大的困扰，他们需要做出一些妥协让步。第三，在谈判陷入僵局的时候，如果可能，可以举行小规模或者局部的罢工。要知道，一旦进入这个阶段，你不可能一边让工人们按照原合同继续努力工作，一边继续谈判，这显然会传达出一种工会在示弱的信号，那么企业管理层就会更加坚定地对工人开出低工资。你必须保持举行罢工的可能性，才能迫使企业管理层满足工会提出的要求。第四，作为工会的领导者，你要保持对局势发展有足够的控制力。一方面，你要引导工会成员充分授权给你，让你完全拥有与企业管理层达成协议的权力。另一方面，你要能够有效控制罢工发展的态势，要对持续罢工多少天、多大范围保持绝对的控制。如果企业管理层知道，罢工多持续一天，就会给企业带来更大的损失，而企业员工的损失远比企业的损失要小，就会尽快做出决定。如果你让罢工多持续一天，由此给员工带来的损失要小于他们未来将得到的收益，工人们就会知道这种行动是值得的。

以上分析说明，边缘政策以及由此产生的风险，可能从根本上改变了讨价还价的发展过程。当然，人们在实际生活中还面临更多层面的讨价还价，比如工会组织与企业管理层的谈判并不仅仅针对工资，还包括医疗福利、退休保障、工作条件等一揽子要求。所以，博弈参与者在进行讨价还价时，应该将所有有关共同利益的问题放在一起谈判，然后利用各方对这一揽子问题的重视程度的不同，达成对大家来说都更好的结果。

小结

本章基于冲突和谈判向大家讲述了讨价还价博弈及其应用。对于任何一种冲突，只要不是完全的合作或者完全的冲突，都需要进行谈判，这就是一个讨价还价的过程。在开始谈判时，我们就要考虑到“如果谈判破裂了该怎么办？”因为这决定了博弈结果的可能范围，而你要做的就是如何通过讨价还价来改善这个结果。在讨价还价时，有参与者顺序进行的讨价还价，有同时进行的讨价还价，参与者的策略选择也随之不同。对于顺序报价的讨价还价博弈，当谈判的多阶段博弈是单数阶段时，先报价者就具有“先动优势”；当博弈是双数阶段时，后报价者具有“后动优势”。为了削弱可能存在的不良的委托-代理问题，减少或阻止不诚实交易，诸如英式拍卖、荷兰式拍卖、第一价格密封拍卖、第二价格密封拍卖等形式的拍卖就成为比较有效的资源分配机制。在第一价格密封拍卖中，你的报价应该低于你对拍品的心理估价；而在第二价格密封拍卖中，假如你知道拍品对于你的心理价值，就应该按照这个价格来竞标。但是由于拍卖标的的私人价值和共同价值的区别，获胜的竞拍者反而可能发生亏损，产生“赢者诅咒”现象。为了拓展谈判的分析视角，本章还阐述了选址博弈，厂商或产品往往倾向于扎堆与邻近的厂商或产品展开直接竞争，其实这也是一个讨价还价的过程。如果你面临着一项重要的谈判，你可以利用边缘政策增大自身的谈判优势，就是略施小计把谈判带到失败的边缘，让其他参与者相信你的威胁，最终实现你想达到的预期结果。

基础练习

假设有一片果园要对公众拍卖，采用英国式拍卖的方式。这片果园的真实价值大概为 30 万元，但是这个信息不能有效地被竞拍者获取。一共有五个人参与竞拍，甲的预期价值是 30 万元，乙的预期价值是 37 万元，丙的预期价值是 49 万元，丁的预期价值是 27 万元，小刘的预期价值是 53 万元。请问：

（1）小刘应该报出的竞拍价格是多少？

（2）他获得的预期支付是多少？

（3）获得的实际价值是多少？

（4）这种情况属于什么问题？

第 9 章

信号博弈：避免逆向选择

人类是按有目的的理性行事的，但人类又只具有有限的理性，因此才为一种真正的组织和管理理论留下了用武之地。

——赫伯特·西蒙（Herbert A. Simon）

在接下来的两章里，我们要关注一下有关信息不对称的问题。你觉得“这看似和博弈论没有多大关系了”吗？肯定不是这样的。前面就说过，信息结构是博弈的一个重要因素，博弈有完全信息的，也有不完全信息的，而博弈参与者的行动选择正是根据自己所掌握的信息来进行的。基于此，本章介绍的信号博弈和第 10 章介绍的激励设计都是我们需要掌握的非常重要的博弈决策。

在现实生活的各个领域，都存在着广泛的信息网络，及时收集到有用的信息是获取成功的关键。随着科技的发展，人们可以很容易从各种渠道收获各种碎片化的信息，可以说，人们从来没有像现在这样深刻地意识到信息对于生活的重要影响。信息实际上是博弈的筹码，掌握的信息越多，正确决策的可能性就越大。同时，信息不对称的情况时有发生，这正是造成博弈参与者之间逆向选择的原因，因此我们要从信息入手，引入信息显示和甄别机制。本章主要告诉读者朋友们，在信息不对称的环境下，博弈的参与者会做出什么不利于自己的选择，有关的博弈又该如何进行，该如何通过外部的信号来规避对自己的不利影响。

信息不对称

随着市场经济的深入和全球经济的一体化，信息已然成为一种极其重要的资源。正因为这样，很多人也在不断研究究竟什么是信息价值，它的价值到底该如何确定。这些问题也已经成为当今社会备受关注的问题。但是在这里，我不打算向读者朋友们讲述这些，我们关注的应该是，如果我们不能掌握有关博弈的全部信息，该如何进行决策呢？我们的决策会出现什么问题呢？

先来看历史上的一个小故事：孙膑与庞涓之间的马陵之战。公元前 341 年，魏国攻打韩国，韩国向齐国告急。齐王派田忌率领部队前去救援，径直进军魏国都城大梁。魏将庞涓听到这个消息，率军撤离韩国回魏国救援，此时齐军已深入魏国腹地。齐国的军师孙膑对田忌说：“魏军向来勇猛彪悍，看不起齐兵，认为齐兵胆小怯懦。那么善于指挥作战的将领，就要顺应这样的形势加以引导。”因此，他们在认真研究了战场地形条件之后，命令军队先砌十万人做饭的灶，第二天砌五万人做饭的灶，第三天砌三万人做饭的灶。这样就制造了在魏军追击下，齐军士卒大批逃亡的假象。

庞涓行军三日，他见齐军退却避战而又天天减灶，便认定齐军斗志涣散，士卒逃亡过半。于是他丢下步兵和辎重，只带着一部分轻装的精锐骑兵，昼夜兼程追赶齐军。孙膑根据魏军的行动，判断魏军将于当天日落时分到达马陵。马陵一带道路狭窄，树木茂盛，地势险阻，实在是打伏击战的绝好处所。于是孙膑就利用这一有利地形，选择齐军中 1 万名善射的弓箭手埋伏于道路两侧，规定到夜里以火光为号，一齐放箭，并让人把路旁一棵大树的树皮剥掉，露出白木，在上面书写“庞涓死于此树之下”字样。庞涓的骑兵果真在日落时分来到马陵。庞涓见剥皮的树干上写着字，但看不清楚，就叫人点起火把照明。字还没有读完，齐军便万弩齐发，给魏军以猝不及防的打击，魏军顿时惊慌失措，大败溃乱。庞涓自知无计可施，败局已定，只得拔剑自刎。在庞涓和孙膑的博弈中，庞涓最终落得兵败身死的结局，就是因为孙膑利用庞涓的弱点和信息不对称，制造假信息，诱其上当，使自己始终处于有利地位。

明代刘基在《诚意伯集·卖柑者言》中写道：“又何往而不金玉其外，败絮其中也哉?”这个故事讲的是：杭州有个卖水果的人，很会贮藏柑子，经过大半年也不会腐烂，拿出来依然光泽鲜亮，有着玉石般的质地，黄金似的颜色。这样的柑子往市场上一投放，作为跨季产品，其售价也会比平常高出近十倍，人们依然会争相购买。但是把柑子剖开，却像有股烟尘扑向口鼻，再看它的里面，干枯得像破棉絮一样。于是刘基就质问这个卖水果的人，干这样骗人的勾当，不是太过分了吗？后来“金玉其外，败絮其中”就被用来比喻某些人徒有其表。

想一想

商品买卖中，为什么说“买的没有卖的精”？

日常生活中，我们知道有很多商品是内外有别的，而且有些商品的内在品质很难在购买时加以检验，比如瓶装的水酒、盒装的香烟等。消费者或者看不到商品包装内部的样子，或者虽能看到但却难以判断产品质量的好坏。显然，对于这类产品，买者和卖者了解的信息是不一样的，卖者肯定比买者更清楚产品的实际质量情况。再比如，一个女生面对着好几个追求自己的男生，往往是很难下定决心的，因为这些男生的性格和人品很难被她看清，俗话说“人心隔肚皮”嘛，女生很难在短时间内决定该选择谁。事实上，很多优秀的女孩遇人不淑，也证实了这种交往中的信息不完全的缺陷会带来多么大的风险。

这里所说的信息是广义的，一切与博弈有关系的信息都是我们要关心的。其中，如果有些信息是博弈参与者都知道的，或者是所有有关的参与者都知道的，它就叫作“公共信息”或者“共同知识”。如果有些信息是一方博弈参与者知道的，但是另一方并不知道，这种信息就叫作“私人信息”，是拥有信息一方的私有信息。就像我们谈到的，关于那些商品的信息往往只能被熟悉这种产品的人或者生产者及销售者所了解，而那些无法接近这种产品的人或者消费者却无从了解或难以了解。正是这种情况导致了“信息不对称”（information asymmetry），即某些行为人拥有另一些行为人没有的信息。

对经济社会中的行为主体而言，拥有的信息越多，就越能够做出正确的决策。然而遗憾的是，参与博弈的人掌握的信息往往并不完全，总是有一部分参与者知道的信息多一些，另外一部分参与者知道的信息少一些，甚至大多数人根本无法获取准确的信息。这就为决策带来了不确定性和风险，不管是对过去的、现在的还是未来的决策都是如此。因为在私人信息存在的环境中，缺少信息的博弈参与者就如同在迷雾中做决策，决策很可能是错误的，这自然影响到博弈的支付。

信息不对称理论是由三位美国经济学家——乔治·阿克洛夫（George A. Akerlof）、迈克尔·斯宾塞（A. Michael Spence）和约瑟夫·斯蒂格利茨（Joseph E. Stiglitz）提出的，正是因为在不对称信息条件下的市场运行机制方面做出了开创性工作，他们在 2001 年被授予诺贝尔经济学奖。信息不对称理论认为：市场中的卖方比买方会更了解有关商品的各种信息；买卖双方中拥有信息较少的一方会努力从拥有信息较多的一方获取信息；掌握更多信息的一方可以通过向信息缺乏的一方传递可靠信息而在市场中获益；市场中的信号显示会在一定程度上弥补信息不对称带来的问题；等等。信息不对称理论为员工管理、金融投资、就业市场、银行信贷、商品促销、医疗保险等方面的问题提供了很好的解释，成为信息经济学的核心理论，并被广泛应用于从传统的农产品市场到现代的金融市场等各个领域。

柠檬市场与逆向选择

假设你已经考取了驾照，但是还不想这么快就购置一辆新车，不希望在刚刚开车上路这段时间内发生新车的事故，哪怕很小的擦剐。所以，你决定到二手车市场走一圈，也许可以淘到宝贝呢。

你当然知道市场中的二手车质量有好有坏，但你没有能力去区分孰优孰劣，最多也只能通过销售员的简单介绍、对车子外观的观察、试驾等方式去获取有关信息。所以你只能假设这个市场中的二手车有一半质量好的车，也有一半质量差的车，而且这些车的价格一般在 4 万元到 8 万元之间。而你只愿意为这个市场中的二手车付一个自己满意的中间价格。因为你知道，花 8 万元也并不一定能够买到一辆质量好的车，而花 4 万元肯定只能买到一辆质量差的车。

假设二手车的状况可以用质量单位 θ（$40\ 000<\theta<80\ 000$）来评价，你对每一单位质量的评价是 1 元，那么一辆最好的 $\theta=80\ 000$ 的车，你给予它 8 万元的估价，最差的 $\theta=40\ 000$ 的二手车，你给予它 4 万元的估价。假如你对该项交易报出一个价格 P，并且获得成交，那么你从该交易中获取的支付就是 $\Pi_{买方}=V(\theta)-P$，而卖方从中获取的支付为 $\Pi_{卖方}=P-U(\theta)$。这个二手车交易的博弈如图 9-1 所示，其中括号内的支付为（买方，卖方）。

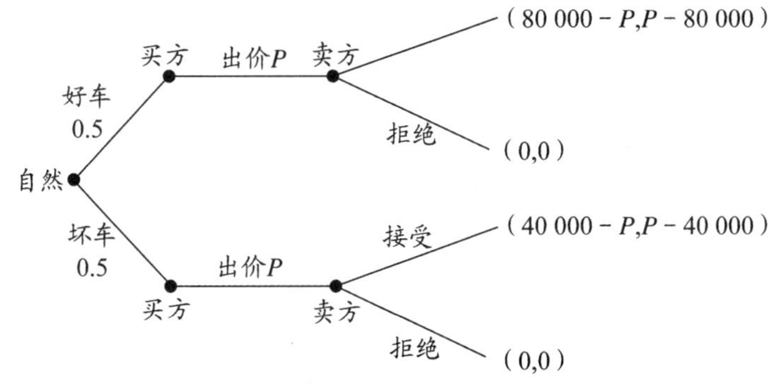

图 9-1　二手车市场博弈

但是谁知道这个市场中二手车的质量呢？当然是卖家，是那些销售人员，他们知道哪些车的质量好、哪些车的质量差，也知道哪些车值 8 万元，哪些车只值 4 万元。而你并不知道这些车真实的质量信息，即使你问销售人员哪些车质量好，他们也肯定会告诉你，这些车都是很好的车，你能相信他吗？你显然不会相信的，所以你只愿意付出平均价格，即 6 万元（8×0.5+4×0.5）。这样一来，销售人员就肯定不会把质量好的车卖给你，因为他自己知道好车应该值 8 万元，他只能向你推荐质量差的车。

当然，如果你开出的价格不是平均值，而是预期的一个可接受的价格，比如 7 万元，那么真实价值在 7 万元以上的车就会被销售人员留下；如果你开出的价格是 5 万元，那么真实价值在 5 万元以下的车才会与你达成交易。也就是说，根据你出价的情况，质量好的车会逐渐退出市场，二手车市场上的车的质量就会整体降低。极端一点地说，成交的车都是质量不太好的，这是销售商的理性所致，也是因为信息不对称而导致的市场无效率性。

这个二手车交易的现象，早在 1970 年就由当时年轻的乔治·阿克洛夫发现，并就此发表了论文《柠檬市场：质量不确定和市场机制》。在这篇论文里，阿克洛夫首次提出了“柠檬市场”的概念（“柠檬”这个词在美国的俚语中就是“次品”的意思），现在“柠檬市场”，也就是次品市场，已成为经济学家甚至普通人所熟知的一个概念，是指信息不对称的市场，即在该市场中，产品的卖方比买方拥有更多关于产品质量的信息。这篇论文也成为研究信息不对称理论的经典文献之一，开创了逆向选择理论的先河。

想一想

现实生活中，为何有很多人不愿意向路边的行乞者施舍？

其实，在经济学中，还有一个著名的定律，叫作“劣币驱逐良币”，与二手车市场的现象类似。这是在 16 世纪由英国财政大臣兼伊丽莎白女王铸币局局长托马斯·格雷欣（Thomas Gresham）提出的，所以也被称为“格雷欣法则”。他发现，在银币和金币同为本位货币同时流通的情况下，由于政府规定了金币和银币之间的价值比率，并严格按照这一比率无限制地自由买卖金银，那么金币和银币本身的价值的变动就会让市场产生一种理性的选择：当那些低于法定重量或者成色的铸币即“劣币”进入流通领域之后，人们就倾向于将那些足值的“良币”收藏起来。比如，如果金和银规定的兑换比率是 1∶15，当银币由于开采及铸造成本降低而导致其价值降低时，人们就按照规定的 1∶15 的比率用银币兑换金币，然后将金币贮藏起来，结果导致银币充斥于货币流通市场，而金币则退出了货币流通市场。反之，如果银币的价值上升而金币的价值降低，那么人们就会用金币按规定的比例兑换成银币，将银币贮藏起来，货币流通市场中也就只有金币存在了。

在上述二手车市场的案例中，为了避免花高价钱却买到质量差的车，买者唯一的办法就是尽可能地压低价格以规避自己对二手车质量信息掌握不完全而可能产生的风险损失，这也就使得理性的二手车销售商不再愿意售卖质量好的车，导致质量差的车充斥二手车市场，最后导致二手车市场的无效率。在这种情况下，理性的消费者便会认为市场上的商品都是质量差的，就更要压低价格。这样一轮一轮地博弈下去，导致二手车市场的萎缩和瓦解。就算面对一辆价格较高、质量较好的车，消费者也会持怀疑态度。本来是为了避免被骗，但是到头来却还是选择了质量低劣的商品，这个过程就是逆向选择（adverse selection）。

上述这种情况，就类似于我们日常生活中经常说的“得到的是不想要的，得不到的才是最好的”。美国著名喜剧演员格鲁乔·马克斯（Groucho Marx）曾说：“我拒绝加入任何会收我为会员的俱乐部。”这句幽默的语言中却透露出真知灼见，相信你能明白其中的含义。

当然，在现实的生活中，二手车市场依然是存在的，经营似乎也比较火爆，并没有出现利用阿克洛夫逆向选择理论分析得出的只有最差的二手车才能卖得出去的现象。换句话说，现实世界中的信息不对称并没有造成二手车市场的失灵。这是什么原因呢？我想可能有这样几个原因：买卖双方对相同车辆的质量评价不同，或者是不同卖方或买方对同一辆车的质量评价不同，这样就减少了价格和质量之间的落差；也可能是买方中有经验丰富的专家，对汽车质量具有较强的鉴别能力，不会随便对不同质量的车给出报价；另外，还有一些车况质量评价机构存在，而且销售商也会提供完善的售后服务；等等。这些因素就决定了二手车市场可以正常运营。

逆向选择举例及思考

前面谈到的逆向选择问题，在市场经济中是普遍存在的基本事实，实质上是信息不对称造成的市场资源配置扭曲的现象。逆向选择在劳动力市场、银行信贷市场、保险市场、网络交易市场等领域广泛存在。

就业市场的逆向选择

现在我们将目光转向劳动力市场。为什么有人能力很强却往往怀才不遇？为什么有人能力较差却事业一帆风顺？这都是逆向选择造成的。企业在雇用劳动力时由于不了解对方的能力也可能出现逆向选择，这在招聘中（职位晋升中也一样）体现得最为明显，当然这也是由企业和应聘者之间信息不对称造成的。

首先，对于企业而言，求职者的基本素质和工作效率是难以被有效了解的，所以只能根据应聘者群体的平均素质来评价应聘者并给予与其素质相适应的薪酬待遇，这个薪酬待遇反映了企业对求职者平均生产效率的预期或推测。但是，这一薪酬待遇往往高于低素质应聘者的实际水平，而低于高素质应聘者的实际水平，从而导致高素质人才放弃应聘，而低素质人才由于获得了高于他们实际素质的薪酬而愿意接受。这样一来，企业招聘中或者劳动力市场上就只留下了低素质的应聘者。

其次，对于应聘者而言，在信息不对称的情况下，应聘者并不了解招聘企业的真实状况，他们也只能根据招聘企业所处行业的平均情况来推测企业等级和期望薪酬待遇水平。由于具有平均等级的招聘企业的状况是介于好企业和差企业之间，所以这一预期的评级标准相当于提高了优秀企业的人才招聘风险和成本，却降低了实力较弱的企业的人才招聘风险和成本。这样的结果，会使得优秀企业放弃去招聘或另觅其他途径引进人才，而差企业会很积极地招揽人才。最后，招聘市场上只留下了实力较弱的企业在招聘，招聘企业的平均等级下降。作为企业人力资源管理人员，你要注意，那些对你开出的薪酬待遇水平最满意的求职者很可能就是你最不想要的能力较差的员工。

举一个例子，假如你所在的公司需要招聘一名新的业务主管，根据公司的情况，你对该职位开出的薪酬是年薪10万元，现在有10个人前来应聘，其中有一个求职者表现得急于得到这个职位，对工资待遇不提过多的要求，只是表示会接受公司开出的条件，你要不要录用他呢？作为一名有经验的人力资源经理，你的答案应该是否定的。因为急于得到这个职位的人，一般是在别的单位无法获得年薪10万元甚至更多的人。你其实更应该招揽那些对你所开出的薪酬待遇有一丝不满且表示需要考虑一下的求职者，因为他们往往才是你真正需要的员工。然而，很遗憾的是，在实际中总有很多人力资源主管或者企业老板希望用很低的薪酬招揽能力很强的员工。

当然，我们知道企业在不同时期为求职者开出的薪酬待遇水平是不同的，而求职者对招聘企业提出的预期薪酬待遇水平也是不同的，这又是为什么呢？这同样是双方相互博弈产生的结果。当高效率员工较多时，比如前来应聘的求职者中有很多是名牌高校毕业的，企业对平均生产效率的预期就会较高，从而给出的薪酬待遇就会较高，这样大部分的求职者都愿意接受工作，那些能力差的人自然也就可以搭上便车了。当低效率员工较多时，比如这一批应聘者的整体素质不高，企业开出的薪酬待遇就会较低，这样大部分的求职者都不会接受聘任，甚至全部退出应聘。当然，这不是全部的问题，还有一些诸如经济景气指数、大学毕业生人数、国家政策调控等因素在影响着劳动力市场上的逆向选择的程度。

基于此，要解决企业人力资源管理中出现的逆向选择问题，最根本的办法是要实现企业和求职者之间信息的公开性，使雇员和雇主都能清楚地了解彼此的情况，实现员工与企业的完美匹配，减少人力资源管理中的不确定性。这就要求建立完备的人才资源网络平台，同时完善企业自身的信息披露机制。此外，规范人力管理中心和人才中介的工作质量以及提高其信誉也是实现信息公开性的重要环节。

银行信贷的逆向选择

我们知道，当有人要去银行申请贷款时，不论是信用卡还是住房贷款，银行都会检查贷款申请人的信用状况。他们会要求贷款申请人提供各种能够证明自己信用状况或者财务状况的报表和单据，比如工资证明、资产状况证明等。尽管如此，银行还是很难掌握借款人所从事项目的风险与借款人的信用状况。假设信贷市场上有两类借款人；一类借款人的投资项目收益率较低，但是更能获得较稳定的投资回报，其信贷风险自然也较低，借款人违约的概率就比较小，这就属于“高质量贷款”；另一类借款人的投资项目具有较强的投机性，其项目失败的可能性也较大，但是一旦成功借款人便能获得很高的回报，如果失败则根本无法偿还银行贷款，这一类就属于“低质量贷款”。

现在，面对这两类借款人，银行会如何行动呢？本来，银行拥有一定的贷款定价权，对于“高质量贷款”可以给予优惠的贷款利率，对于“低质量贷款”则给予较高的贷款利率。但是，由于银行根据借款人提供的有限信息无法完全掌握借款人的真实状况，更何况现实中有很多借款人很会伪装，银行只好给出一个平均的贷款利率水平。这一利率对于高质量借款人而言，贷款成本和贷款压力就显得很高了，甚至无力支付贷款利息，他们不得不退出信贷市场。而对于那些低质量借款人而言，如果项目失败了，也就是偿还一点银行的贷款，但是如果项目运作成功了，收益就会很可观，到时候这点利息成本并不算什么。对银行而言，他们不管提供什么样的贷款利率，都只能收取固定的利息收入，对于那些高风险的项目，银行也是不愿意提供贷款的，但是为什么银行就不能对高风险项目收取高的贷款利率呢？答案就在于银行无法分辨出哪个项目是高风险的。

这样一来，就形成了和二手车市场类似的尴尬局面，关心利率高低的借款人是那些信用良好的人，而那些预期会违约的借款人反而不会在意较高的利率。也就是说，利率的上升会使得低风险的投资项目和信用良好的借款人退出市场，贷款的质量就会下降，贷款违约率就会增大，不良贷款增加。简单地说，利率水平越高，申请贷款者的风险越大，贷款的损失概率越高。对于理性的银行而言，他们知道这一点就会进一步提升贷款利率，这样就形成一个恶性循环，最终导致整个银行信贷市场陷入一个风险的漩涡。

对一些逆向选择的思考

谁在购买商业健康保险？由于人的健康状况是不同的，有健康与非健康之分，在保险公司事先设定的投保费率下，那些身体健康的人很少购买保险，而那些身体不太健康的人购买健康保险的可能性就高。关于身体健康状况的信息，在保险公司与投保人之间的分布是不对称的，由于这种信息不对称，保险公司就面临着对投保人的逆向选择，其亏损的可能性大增。简单讲，由于逆向选择，愿意购买保险的人往往是最容易出险的人。当然，随着经济社会的发展和竞争压力的加大，以及人们保险意识的提高，愿意购买保险的人也有很多是为了为未来提供一份保障以及投资理财，但是其中的逆向选择现象依然存在。

裁员还是降薪？

如果你是一家公司的人力资源主管，近期由于金融危机的影响，公司的效益明显下滑，公司老板让你就如何采取措施降低人力资源成本提出一个方案。你只有两种选择：一是部分裁员，假设要裁掉 20% 的现有员工；二是全员降薪，假设也是降薪 20%。你应该向老板提交哪一个方案呢？如果你选择全员降薪 20%，那么那些业务能力很强的员工就会对此大感失望，他们完全有能力在劳动力市场上另觅新的东家，找到一份收入持平甚至更好的工作，所以这些员工就会选择离开，而你其实更希望这些有能力的员工留下来。所以如果选择全员降薪，你就是在做逆向选择。如果你选择部分裁员的方案，那么你在拟定裁员名单时，一定是根据以往的业绩表现做出选择，这样就可以将那些工作能力不佳的员工裁掉，使公司更加健康、更加有活力。

信号显示与传递

在自然界中，有一种很奇怪的现象，某些鸟类长有美丽硕大的尾巴，这一现象曾让生物学家感到迷惑不解。我们所熟知的雄性孔雀，就长着又长又大又靓丽的尾羽，但是按道理讲，这反而十分容易被其天敌老鹰等发现，很可能轻易地将自己暴露在这一来自天空的威胁者的攻击视野中。同时，雄性孔雀的这个又长又大的尾巴对它来说不仅没有什么实际的功用，而且还会增加它的行走负担，很多时候还为其在树丛中觅食带来麻烦和不便，如容易被树枝挂住。按照进化论的观点，为了适应生存环境，长着这样的尾巴的雄孔雀是应该被自然选择所淘汰的。为什么我们还能看见这些长有华丽的大尾巴的雄性孔雀呢？

但是，熟悉博弈论的生物学家约翰·梅纳德·史密斯（John Maynard Smith）却别出心裁地对这一现象进行了剖析。他认为，像雄性孔雀以及极乐鸟这类长有又大又漂亮尾巴的鸟类，实际上是在向雌性进行求偶的过程中用尾巴发出信号——“你看，我是最棒的，选我吧”。因为长有大尾巴的雄性鸟类会比同类中长有短小尾巴的鸟付出更多的代价，比如更有可能被天敌发现从而遭到攻击，在生存中更容易遭遇困难，等等，这表明它们具有更强的生存能力，从而有更好的基因可以遗传下去。读者朋友，你觉得这个分析如何呢？

与此类似，雄鸡、雄狮等雄性动物的外观都比其雌性同类要好看一些。它们用来装饰自己的一些美丽的东西或许都是来源于一个相同的道理，即向雌性发出的一个求偶信号，显示自己有更好的基因。在这里，这些美丽的装饰就是一种信号的显示与传递。

在信息经济学里，具有信息优势的一方（拥有私人信息的一方）采取某种行动向信息劣势一方（不了解对方私人信息的一方）发送相关信号，告诉对方自己的真实类型，这就是信号显示或者信号传递。这种信号的显示可以用来回避逆向选择，从而改变市场运行状况。值得说明的是，信号显示或传递是拥有私人信息的博弈参与者在合同签署之前就先选择自己的行动以发送有关信息。如果博弈参与者在合同提供之后再行动，并借此发送有关信号，那就是信息甄别（Screening）了，后面会再详细阐述这一内容。

在前面已经分析了，劳动力市场是一个典型的信息不对称的市场，对于求职者能力的识别比起一般商品而言更加困难，用人单位实际上永远不可能完全搞清楚任何一位求职者的实际工作能力，而如果按照平均劳动生产率来支付薪水，则会导致工作能力强的求职者退出市场，从而形成一个“柠檬市场”。因此如何有效识别求职者的工作能力成为一个十分重要的问题。

为什么越是好大学，文凭越值钱？要回答这个问题，先来看一个著名的教育信号传递理论，也是信息经济学中信号传递问题研究的发端，是由经济学家迈克尔·斯宾塞（A. Michael Spence）提出的。他对这个问题的思考起点是MBA（工商管理硕士）的就业问题。他在哈佛大学读博士时，发现那些MBA学生在进哈佛大学之前并不起眼，但是毕业之后却能比教授多挣几倍甚至十几倍的钱，他就开始思考这究竟是为什么。难道哈佛大学的MBA教育真有这么厉害吗？最终他的研究的结论就是教育具有信号传递的作用，受教育者能够将其信息可信地传递给用人单位。

想一想

在我国汉代，实行了一种“举孝廉”的推举贤能的方式，被推荐者经过培训后可以在政府机构中做官，到了隋唐则为科举制度所取代，你能用这一节的理论做分析吗？

斯宾塞认为教育（如文凭及证书）是劳动力市场上典型的信号之一。一般而言，在相同的周期内，就读于更好的学校，获得了更高的学历，取得了更高的学位，拥有更多的资格证书的学生，会比其他人拥有更强的能力。也就是说，在通常意义上，学历高的人，具备高生产率、低信号成本的特征。所以，教育不仅能增加人力资本的价值，而且还对高生产效率的个体具有重要的激励作用。具体而言，在劳动力市场上，用人单位总是希望能够预先获得关于求职者的实际工作能力方面的信息，这样可以避免在招聘员工时出现逆向选择。而求职者的某些特征，如教育背景、以往工作经验和履历等都可以被看作一种信号，特别是受教育水平被看作具有某种工作能力的信号。

当然，不同的人获取教育文凭所付出的成本是不同的，能力强的人会以较低的成本获得含金量较高的文凭，而能力弱的人要获得相应的证书则需要付出更高的成本。即使从人力资本的社会平均水平来看，能力强的人更有可能获得高水平的教育，向招聘单位发出自己具有高生产率的信号，从而获得薪水较高的工作。只要按照受教育程度来制定一个职位需求或者薪酬差，就会自动促使生产能力强的人去获得较高水平的教育以显示自身的能力，从而获得较高的薪水，而能力弱的人只能接受较低水平的教育获得较低的薪水。所以，很多用人单位在选拔人才时偏爱信号值最高的名牌大学的毕业生，也就不难理解了。

事实上，很多大公司在校园招聘会上招聘人才时并不十分看重求职者所学的专业，而是更看重求职者毕业的学校是不是名牌大学。一旦确定了拟聘用的人才，往往都会对他们进行专门的培训，而且他们日后所从事的工作也可能与所学的专业并没有很大关系。在这里我们可以看到，受教育水平有时候只是一种“信号”，只是为用人单位选择员工提供了一种依据。

在这个问题上，求职者为了显示自己的能力而选择受教育水平（如文凭和证书）作为信号，然后用人单位据此选择自己认为合适的员工，并向他们提供相应的薪酬待遇。但是，如果这些信号本身存在失真，换句话说反映求职者工作能力信息的教育信号是可寻租的，那么劳动力市场的信息传递又会发生怎样的变化呢？

比如，在我国教育市场改革进程中，伴随出现的高校并轨和扩招，在某种程度上来说就是一种教育信号寻租的表现，因为这意味着求职者获得更高水平教育的“门槛”降低了，这实际上是一种能力的降低，即低于某一能力的求职者是难以获得更高水平的教育的，但是“门槛”降低的同时伴随着其他投入的增加，如学费、杂费，这个过程意味着能力弱的人也可以通过投入更多的学费来获得更高水平的教育。在这种情况下，学历会因为教育信号的寻租而不断“贬值”，同样的受教育水平代表的平均能力也会不断下降。在这种情况下，受教育水平反映求职者工作能力的信号发生了扭曲，教育作为能力信号显示机制的作用被大大弱化，能力弱的人也可以通过其他途径提高其受教育水平，从而使整个求职者群体的平均受教育水平普遍上升，受教育水平所代表的工作能力不断“缩水”。作为回应，用人单位为了进一步区分不同能力者，就会进一步提高对求职者受教育水平的要求来补偿，并会依据受教育水平对应的边际产出降低报酬支付，调整薪酬结构。这又导致职位竞争更加激烈。

为了使读者加深对信号显示和信号传递的理解和认识，再来看几个生活中的例子。

为什么要在西瓜上划个口子？

夏天一到，炎热的天气就让人忍不住想吃西瓜。然而，一般的消费者对于挑西瓜大都属于门外汉，而卖西瓜的摊主一般都有丰富的选瓜经验。人们去买西瓜时，常常是不懂装懂，像模像样地捧起一个瓜轻轻拍上几下，实际上还是不知道这个瓜是好还是坏。但是很多时候，卖西瓜的摊主会帮我们选一下，而且在称完西瓜重量后，还会主动在瓜上切一个三角口给我们看。他这样做其实就是为了让顾客相信他选的瓜是好瓜。

为什么需要质保证书？

前面分析了二手车交易的问题，在信息不对称的情况下，质量不同的产品很可能被消费者以同样的方式对待，因为劣质产品在成本上具有优势，从而有可能在销售上占据优势。而优质产品就会因为成本超过市场价格而销售不佳，甚至退出市场。当然，厂商肯定不会心甘情愿地让自己的产品被逐出市场，为了避免这种情况，他们就要想办法使自己的产品与劣质产品区分开来，选择适当的信号向消费者传递自己的产品是优质产品的信息，就成为他们的策略。一般而言，质量好的车在使用过程中不需要经常维修，而质量差的车则经常需要维修。质量好的车的销售商虽然知道自己车的真实的质量信息，但是消费者并不知道，他如果想向消费者传达这个信息，就可以承诺在销售后一定期限内提供免费的保修服务，承担所有维修费用。而那些质量差的车的销售商显然不愿意这么做，因为提供保修服务无疑会让他额外承担一大笔费用。所以，站在消费者的立场上，销售商愿意提供免费保修就表明他的车质量较好。事实上，如果车的质量真的很好，在使用中很少会出现故障，所以基本上不需要提供保修服务，但是提供保修服务的承诺却很重要，因为它传达了一种积极的信息。

其实在现实生活中，这样的例子到处都是，其目的都是传递一种信号，并通过这种信号减少可能存在的逆向选择。你不妨思考一下：很多商品为什么需要找名人做代言人？为什么要维护自己企业的商标？为什么需要在商品包装上标示一些质量认证标志？在证券市场上公开募股的企业，为什么有的会选择两阶段融资、高折价发行？逢年过节为什么要送礼？情人节为什么男士要送女朋友鲜花？……

信息甄别与筛选

作为一名图书作者，我经常接触一些出版社的业务人员，他们在和我洽谈出版或者合作业务时，会对他们所在的出版社做非常详细的介绍，但是我还是无法辨别这些信息的真伪，对图书出版质量更是无法把握，因为我们之间的信息不对称程度太明显了。大多数时候，我对那些新来联系我的出版社业务人员，会在预约的时候先提出一个要求，请他们来和我面谈的时候顺便带两本他们最近出版的同类型的图书给我翻阅一下，然后再谈有关的业务。为什么要这么做呢？这是因为我可以通过他们最近出版的图书看出他们出版社的整体出版质量，包括版式设计、封面装帧、编校水平、定价高低等方面的水平。对我而言，要判断一家出版社的水平高低的确需要花费一定的时间和精力，但是看看他们最近出版的图书却只需要几分钟。我提这个要求的目的就是通过他们的出版物大致甄别出他们的出版质量和出版实力。

信号筛选或信息甄别是在博弈中没有私人信息的一方为了削

弱非对称信息对自己的不利影响，以便能够区别不同类型的交易对象而提出的一种交易方式，比如契约、条件等。通俗地说，信息甄别就是“如何让别人讲真话”的方法。和信号发送不同的是，在信息甄别中，博弈参与者是在合同提供之后再行动，并借此发送有关信号的。

下面再举一个例子，以便使读者朋友们加深对信号筛选和甄别的理解和认识。

为什么采用会员制？

我们每个人都或多或少地拥有一张或更多的会员卡，你为什么要办这些卡呢？难道成为某个机构的会员只是因为好玩吗？我们先来了解一下会员制。会员制之所以能够在世界上迅速普及，从电影院线会员、书友会、车友会到摄影、高尔夫、网球俱乐部，从移动通信、航空公司、商业银行的 VIP 会员到证券业协会、银行家俱乐部……就源自其独特的运作模式、特有的功能和利益上的吸引力。在会员制中，会员的条件之一就是高度认同组织目标和价值观，要求会员有很强的忠诚度。

随着经济的发展，连锁经营的超市在生活中越来越普遍，为人们提供了很大的便利。但是，我们熟知的麦德龙、山姆会员店等跨国仓储式大卖场的运作模式却让我们争议不断，因为他们采取会员制的方式，要进入其中采购商品，就必须成为他们的会员，而且这类卖场发放的会员卡有些是免费的，有些却是收费的。他们为什么要这么做呢？像国内其他超市卖场一样，谁都可以去购物不好吗？问题就在于会员制本身透露出来的优势。我们现在利用信息筛选的理论来分析一下。

对于这些机构而言，他们不了解会员或者潜在的会员的真实信息，通过采取会员制的方式可以实现两方面的好处：一方面，潜在的入会者知道自己的特征信息，他们会为了加入该会员组织以享受来自会员制组织的好处，而具有显示自己信号的激励；另一方面，为维护这类组织的稳定和利益，减少组织中可能出现的问题，增强组织的团结、内部协作和凝聚力，组织或者机构本身也具有提供不同的合同条款和筛选机制（如收取不同的入会费、对会员进行分类分离等）来对潜在的会员进行身份甄别的动力。

一般来说，由于信息不对称，厂商并不清楚消费者属于哪种类型，但是这并不意味着厂商就没有办法了。为了提升业绩，他们不会满足于对所有消费者提供统一的价格菜单和服务。所以，从这个意义上讲，会员制是一种信号显示和信息甄别的组织形式，其筛选机制能有效地显示会员信息、进行身份甄别，从而降低信息不对称所产生的交易成本，提高交易效率。这在经济学中被称为分离均衡（separating equilibrium），就是指在均衡状态下，不同类型的潜在入会者所选择的可被观察到的指标的最优水平是不同的，因而组织可以通过观察该指标来区分不同类型的博弈参与者（入会者）。因此，在现代商业体系中，尤其在营销领域，会员制营销几乎覆盖了所有行业，并被实践证明是培养客户忠诚的行之有效的手段之一。世界 500 强企业中的沃尔玛、麦德龙、安利、玫琳凯等都采用会员制作为主要营销模式，新兴的如 eBay、阿里巴巴等电子商务企业也大多采用会员制。

想一想

你觉得市场上大量的广告能起到什么信息传递作用？

同样的，我也请读者朋友思考一下：很多名牌产品的专卖店（如 LV 专卖店）都设立在租金高昂的城市中心区域，但却门可罗雀，为什么不进行降价销售？为什么不换个偏僻一点儿地方去经营呢？商业银行在为客户办理住房信贷时，为什么会提供几种不同期限不同利率的方案供申请贷款的人自己选择？如果你能想到的话，还有很多这样的问题可以用本节的内容加以解释。

小结

本章主要介绍了信息不对称条件下的逆向选择及其规避方法。我们以二手车交易为例，说明了在买家无法获取有关车辆真实质量信息的情况下，双方博弈的结果是拥有高质量二手车的卖家会退出市场交易，而质量差的二手车会充斥市场，这就是逆向选择。这种问题出现在各种领域：愿意接受你入学申请的学校往往是你最不想去读的学校，愿意接受你们公司招聘条件的求职者往往是你不想要的人，购买商业健康保险的人往往是健康状况较差的人……这些都是逆向选择。熟悉这个问题之后，我们也可以做出一些正确的选择，比如你不应该相信那些给你打电话建议你投资或者进行股市操作的人，因为他们往往都是在投资上并无高见的碌碌之辈；当你的公司经营困难时，裁员远比降薪要好得多；等等。造成博弈参与者之间逆向选择的原因就是信息不对称。因此，如果想改善市场交易状况，就要从信息入手，引入信号显示和信息甄别机制。也就是说，在事前，可以让拥有私人信息的博弈参与者先选择自己的行动以发送有关信息，比如购买空调前先看销售方是否有质量保证承诺；或者在事后通过提供有关条款，让参与者自己行动，并借此发送有关信号，比如消费者想进入某个卖场购物就需要出示会员卡。总之，要记住，为了减少信息不对称带来的错误判断和选择，博弈参与者往往必须依赖某些信息的提示。

基础练习

你想买一辆二手车，但是无法判断它的价值。你自己觉得这辆车的质量好或者不值得买的概率各占一半，但是汽车的质量只有卖方才知道。下面列出了这辆汽车对你和卖方的价值。

习题 9-1 表

汽车质量	对你的价值/元	对卖方的价值/元
好	100 000	60 000
差	10 000	0

请问在这个博弈中，你最终能达成购买这辆车的交易吗？为什么？

第 *10* 章

激励设计：规避道德风险

在所有类型的组织中，为成员提供恰当的激励成为压倒一切的任务，而我们所看到的管理工作的失败往往就出现在这一点上。

——切斯特·巴纳德（Chester I. Barnard）

第 9 章中谈到了马陵之战，为大家介绍了信息不对称条件下的逆向选择及其规避方法，本章就来介绍在信息不对称条件下博弈参与者之间结成委托—代理关系后可能出现的道德风险问题。

在西晋末年，八王兵戎相见，天下大乱，山东琅邪士族王氏建议琅邪王司马睿迁徙至东南地区独当一面，得到司马睿的赞成。司马睿初到江东，当地人对他极为冷淡，但在琅邪王氏的王导及其子侄辈精心谋划和帮助下，司马睿逐渐在江东扎下了根，司马睿与王导的“王马搭档”也升级成为稳定的政治结构。公元 318 年，王导劝说司马睿继承帝位，在登基之日，司马睿感慨万分，为表彰王导的辅助和拥立之功，招呼王导“升御床共坐”，虽然被王导极力推迟掉，但这足以显示当时王氏的权势。随后，民间也用“王与马，共天下”这一俗语形容这一幕。然而，随着司马睿地位逐步稳固，他对王氏势力也愈发猜忌。于是，司马睿开始暗中限制、削弱王氏的势力……

这样的例子在我国古代比比皆是，比如：汉高祖刘邦在登上帝位之后，将一起抗秦破楚、生死与共的韩信、彭越、英布等一大批开国功臣相继以叛乱之罪赶尽杀绝；明太祖朱元璋为了巩固政权的统治地位，几乎将除了汤和等寥寥几人之外的开国功臣全部杀死。与此相比，宋高祖赵匡胤通过“杯酒释兵权”让拥护其黄袍加身的功臣们相继解甲归田，反倒成了一件值得称道的善举。所以才有“飞鸟尽，良弓藏；狡兔死，走狗烹；敌国破，谋臣亡”这样的谚语。为什么大家可以同甘苦，却不能共富贵呢？

本章将在信息不对称框架下，分析博弈参与者之间在事后可能出现的道德风险问题，并寻求解决之道。和事前相对应，这里所谓的事后，就是指博弈参与者之间达成了协议、签订了契约之后。

委托—代理

如果你遇到一件棘手的纠纷，需要上法院诉讼，那么你一般需要委托律师为你处理这件事务，而该律师就可以在你的授权范围内，代理你处理有关法律事务。此时你便与律师之间达成了一种委托—代理关系。更一般的，在法律上，当 A 授权 B 代表 A 从事某种活动时，就发生了“委托—代理”关系。其中 A 是“委托人”，B 是“代理人”。

想一想

你能举出一些代理人之间进行合谋的例子吗？

后来，经济学家借用了法律上的这对概念，并将其进一步扩展到所有涉及非对称信息的交易活动。所以，在信息经济学中，拥有私人信息的一方常被称为“代理人（agent）”，就是知情者；处于信息劣势的一方则被称为“委托人（principal）”，就是不知情者。事实上，任何一项交易总是与特定的契约联系在一起的，这种信息不对称情形下的交易常被视为委托人与代理人之间签订某项契约，而他们之间就基于这种契约关系形成一种委托—代理关系。

我们所生存的社会由众多行为个体构成，人与人之间时刻发生着各种各样的联系，而信息不对称在社会经济活动中又是相当普遍的，所以许多社会经济关系都可以归结为委托—代理关系。除了上述原告或被告与代理律师之外，病人与医生、房东与房客、风险投资家和企业家、政府与国有企业、股东与经理、雇主与雇员、学校与教师、消费者与厂商、股票经纪人与股票投资者、基金公司和基金投资者等，他们之间都可以构成委托—代理关系。除了正式的有书面合同或者协议的委托—代理关系，以及有口头委托的较为明显的委托—代理关系外，社会经济关系中还有大量隐性的委托—代理关系，比如普通百姓与政府官员之间的关系、人民群众与国有企业之间的关系等。

我们生活中的很多经济社会活动主体之间是单一的委托—代理关系，比如病人与医生之间、基金投资者和基金公司之间的关系，但是也有一些经济社会活动虽然看起来是一个单一的关系，但是却包含多种不同的委托—代理关系，比如软件生产商与软件用户的关系。对于软件的性能、软件的生产成本等方面的信息，软件生产商掌握的肯定比软件用户多，在这里软件生产商是代理人，软件用户就是委托人，从这个层面来说是“用户委托生产商进行生产”。对于用户的需求欲望、支付能力等方面的信息，软件用户掌握的肯定比软件生产商多，从这个层面来说又是“生产商委托用户进行消费”。

再比如，在房屋租赁合同中，房东和房客之间也是一对双向的委托—代理关系。对于房客的道德品质、生活习性、支付能力等方面的信息，房东掌握的仅限于在租房合同签订之前和房客接触的短暂的时间内获取的信息，这远远少于房客掌握的私人信息，这时房客就是代理人，房东就是委托人。但是，对于房屋的质量、设施设备的使用性能等方面的信息，房客所掌握的远远不如房东拥有的私人信息，这时房客就是委托人，房东就是代理人。同样的双向委托—代理关系还存在于招聘企业和求职者之间：对于求职者的职业素质和工作能力方面的信息，招聘企业处于信息劣势，是委托人，求职者是代理人；对于招聘企业的经营管理、发展潜力等方面的信息，求职者则处于信息劣势，是委托人，招聘企业是代理人。这样的关系还有很多，读者朋友不妨自己思考一下。

通过以上解释，我们可以知道，博弈论中的委托—代理关系是与信息不对称紧密联系的，针对不同环节、不同层面的信息不对称，博弈参与者之间可以构成不同的委托—代理关系。对于博弈参与各方而言，我们不能简单地说某一方是委托人、某一方是代理人，而是要具体分析他们之间委托—代理关系的属性。

道德风险

在某一所大学里，作为学生日常交通工具的自行车经常被盗，失窃率一度高达 10%。几个有经商头脑的学生从中看到了商机，发起了一项自行车保险。经过一番研究，他们将保费设定为投保自行车价值的 15%。如果没有问题的话，按照事前的分析报告，他们因此可以获得可观的经营利润。但是令他们没有想到的是，一段时间之后，自行车的失窃率不但没有降低，反而迅速升高了，达到了 15%。这让这些学生措手不及，不仅没赚到钱，还要倒贴进去不少。出现这么糟糕的情况，究竟是什么原因呢？他们做了一番调查，发现凡是投保了自行车失窃险的学生，对自己的自行车所施加的安全防盗措施明显减少，甚至有时候连车锁都不上了。也就是说，投保了自行车失窃险的学生由于不完全承担自行车被盗的风险，所以出现了对自行车安全防范措施不作为的行为。这个案例是曾经获得 2001 年诺贝尔经济学奖的著名经济学家约瑟夫·斯蒂格利茨（Joseph E. Stiglitz）在研究保险市场中信息不对称问题时发现的。

当你委托律师为你处理某件事务时，律师可能没有尽心尽力地为你工作，这种事情发生在你与律师发生委托—代理关系之后，这就是事后的信息不对称。而代理律师的不尽心尽力很显然就可能就危害到了你的利益。当你雇用了一些销售人员为你推销新上市的产品时，他们可能没有用心去做推广活动，导致公司销售业绩不佳，他们还要推卸责任说是因为市场对该产品的接受度不高等，显然他们的消极怠工损害了你的公司的利益。再比如银行和企业签订了借款协议之后，企业将获得的贷款改变了用途，将申请贷款时向银行承诺的投资低风险项目的贷款资金，改投到高风险的项目上，从而可能导致投资失败而血本无归，这就使得银行可能面临贷款无法收回的局面。这时，借款人便从事了危害银行贷款资金安全的行动。

无论是律师不尽心工作，还是销售人员消极怠工，抑或是借款人改变贷款资金的投资用途，这些代理人们都做出了危害委托人的行为。也就是说，在信息不对称情况下，委托人委托代理人从事某项工作，由于委托人无法直接监督代理人的行动，代理人可能为了自身的利益选择其行动而损害委托人的利益，这种行为就是代理人对委托人造成的“道德风险”（moral hazard）。简言之，道德风险就是从事经济活动的代理人在最大限度地增进自身效用的同时做出不利于委托人的行动。

通过前面的介绍，我们知道，信息不对称可按在事前和事后发生的可能性分为事前的信 息不对称和事后的信息不对称。下面以企业招聘员工为例，来梳理一下事前和事后的信息不对称可能导致的所有问题。这里不妨先假设有一批求职者要应聘某企业的某一个岗位，他们之中，能力有高低，学历有高低，工作经验有多少，对自己真实能力的认识也不同。

（1）如果这批求职者一开始就知道自己的能力而企业（人力资源经理）不知道，企业以平均工资待遇招聘员工，就会让能力弱的人留下来，这就是逆向选择问题。

（2）如果这批求职者一开始就知道自己的能力而企业不知道，但是求职者中有不少人获得了学历文凭和资格证书等，让企业可以作为参考对其能力强弱进行评估，这就是信号显示或信号传递问题。

（3）如果企业首先设定了一系列岗位应聘条件，这批求职者根据这些条件，并针对自己的能力强弱判断自己是否符合岗位要求，这就属于信号筛选或信息甄别问题。

（4）如果企业在这批求职者之中最终决定录用一名，但是不知道这名员工的能力强弱，而员工本人也不知道自己的真实能力，但是签约之后，员工认清了自己的真实能力，当然此时企业还不知道，那么这就是一个隐藏信息的道德风险问题。

（5）如果企业对该员工进行了专门的培训，通过职业素质评估大致了解了该员工的能力强弱，但是却不知道他在工作时的努力水平，这就是员工隐藏行动的道德风险问题。

理论上讲，上述五种类型的博弈都可以放入“委托—代理”的框架下，但是在习惯上，我们所说的“委托—代理”通常就是指“隐藏行动的道德风险博弈”，本书也遵照这一方式，并且将其简单地称为“道德风险”。表 10-1 介绍了部分场合存在的道德风险及其表现。

想一想

你认为，道德风险与道德有何关系??

表 10-1　部分场合下的道德风险及其表现

存在场合	委托人	代理人	道德风险表现
组织管理	雇主	雇员	雇员偷懒，不努力工作
风险投资	风险投资家	企业管理者	企业管理者疏于管理，业绩不佳
银行信贷	银行	借款人	借款人将资金用于高风险项目
工程承包	发包方	承包方	承包方偷工减料，违反承包合同
销售管理	企业	销售人员	销售人员未尽心尽力推销企业产品
房屋租赁	房东	房客	房客不注意对所租房屋的维护
上市公司	股东	管理层	管理层不追求股东利益最大化，投资高风险项目，用股东的钱谋取私利
政务治理	政府和民众	公务员	公务员不努力工作、违法乱纪、以权谋私、贪污腐败
保险市场	保险公司	投保人	投保人放松对防盗措施的实施；投保人放松对自身健康的维护

反常识的“保险”

前面谈到了大学校园里自行车失窃的问题，结论是保险助长了学生放松警惕，也就是引起了道德风险。其实，“保险”是一个很宽泛的概念，不仅指商业性的保险金融服务，那些能提供可靠的保障措施、补偿或者救助的事务或者东西都是一种保险，你骑摩托车时所佩戴的头盔不也是“保险”吗？但是在这里，我要告诉读者朋友“保险助长了冒险，带来了更大风险”，你认同吗？至于你现在信不信都没关系，先来看下面一些分析吧。

救助服务助长了冒险？

假如你打算利用某个长假进行一次自驾游，到某处深山老林里去探险，但是很可能会遇到一些艰难险阻，要是不幸的话，还可能被困数天甚至造成死亡。但是现在假设你是某个银行的 VIP 客户，该银行为 VIP 客户提供了全方位的 SOS 救助服务，当你在遇到危险的时候可以打电话求助，他们会及时派出救助人员为你解困。如果这一切都计划好了，你也配备了高性能的手机，完全可以与银行的救助中心之间保持通话，你相信如果遇到困难哪怕是险境，他们都肯定会来救你逃出困境的，那你还会犹豫吗？

很显然，如果这些保障措施都不存在，没有救助机构，没有救助服务，没有手机通信，你肯定不会去自驾探险。正是因为有了这些保障，你才决定去冒险的。也就是说，虽然诸如 SOS 救助服务的本意是在客户发生意外时为其进行救助服务，但是却助长了客户采取危险行为。

存款保险制度导致金融危机？

美国在 1933 年通过了《格拉斯–斯蒂格尔法案》，决定在 1934 年成立联邦存款保险公司，为商业银行的存款提供保险，最大限度地保护广大储户的利益，保障银行体系的稳定性。这一制度在两个方面助长了冒险行为。一方面，因为有了这样的联邦存款保险制度，一个储户可以把钱存储到任何一个金融中介机构（商业银行），而不必担心该商业银行贷款的风险有多大，即使知道银行会乱花钱乱投资，也可以放心地借钱给它们，这就在部分储户中埋下了道德风险的种子。另一方面，商业银行吸引到的存款，都可以参加联邦存款保险，这些资金完全没有对高冒险性投资的限制，这就在事实上鼓励了投保的商业银行从事高风险的投资活动以增加预期收益，于是在商业银行中产生了道德风险。除了以上两个方面，存款保险制度还在一定程度上模糊了公众对金融机构风险的认识，降低了社会对金融机构的监督程度，放松了对投保的金融机构从事冒险行为的抑制。所以，尽管存款保险制度本是为了保护金融机构的存款人，但是也引发了广大储户和金融机构的道德风险，类似于鼓励他们去冒险。

事实上，由于对于存款保险的预期，商业银行便缺乏进行投资风险评估的激励，导致对风险极高的夕阳产业和能源生产部门的固定资产投资贷款激增，后来这些行业的固定资产大幅贬值而导致许多商业银行投资失败，最终引发了美国 20 世纪 80 年代的银行业危机，损失高达上千亿美元。后来，美国政府意识到存款保险制度引致的道德风险产生了负向激励，于是联邦存款保险公司开始对银行业实行管制，以确保他们不会从事过于冒险的投资。所以说，存款保险制度助长了虚拟经济过度膨胀、资本运动极度疯狂，最后酿造的苦果就是金融危机。2007 年诺贝尔经济学奖获得者罗杰·迈尔森（Roger B. Myerson）教授就说：“金融危机与道德风险失控紧密相关，在掌握他人财富并进行分配的金融体制中，道德风险是令人担忧的重要问题。”

激励约束

你为之服务的企业为什么要付工资给你呢？这个问题听起来很傻，我干活了怎么能不给我工资呢？其实，问题远没有这么简单。企业之所以给员工提供工资，是因为企业知道员工不会自觉地为企业提供劳务或智力服务。作为理性经济人，员工肯定会将公司的需求建立在自己的利益基础之上，如果自己的利益得不到满足，他自然不会去满足企业的需求。所以，企业才会通过支付工资的方式改变员工的观念，让工资成为一种调节员工工作努力程度的手段，从而让员工们愿意兼顾自己的私人利益和企业的整体利益。

所以，对任何一个代理人而言，除非委托人能对代理人提供足够多的激励或奖赏，否则，代理人不会像委托人希望的那样努力工作。而要让代理人为委托人努力地工作，就必须在委托人给定的合同中满足两个约束。

首先，代理人不参加与委托人的合作，不达成这一个委托—代理博弈也就是不签订合约时，他也会有一个“保留支付”或“保留效用”，这是代理人在不接受这个合约时的最大期望效用，在经济学上就是代理人接受这个合约的机会成本。所以，对代理人的激励，首先必须体现在让他从这项合约中所得的支付要大于代理人自己的“保留效用”。也就是说，博弈的规则要保证代理人所获得的收益至少不能比他拒绝该规则时的收益低，这就是代理人的“个人理性约束（individual rationality constraint）”，也称为“参与约束”，它是代理人接受合约的必要条件。

其次，在代理人接受了委托人提供的合约之后，他可以选择自己的努力程度，可以努力工作也可以不努力工作，但是委托人却很难不花成本就观测到代理人的行为。当然，任何一个委托人都希望可以让代理人为自己尽心尽力地工作。那么，委托人就应该提供一个合约，让代理人在努力工作时所获得的收益大于不努力工作时的收益，这就是“激励相容约束（incentive compatibility constraint）”，它可以制约代理人的行为选择。

想一想

要让一名大学生毕业后安心从事乡村振兴工作，你认为应该满足什么样的激励相容约束条件?

假如你是一家公司的老板，想通过猎头引进一名高级经理人员，现在要向他提供一份合同，这个合同要如何确定他将来所获得的薪酬待遇呢？不论在什么情况下，理性的委托人都是希望自己企业的支付——企业的预期收益最大化，这当然取决于经理人的努力所获得的产出，也要受支付给经理人的薪酬影响。假设公司不能有效地监督这名经理人，不能确认他是否努力地为公司工作，但是可以知道的是，如果该经理人越努力工作，公司的业绩也就会越好，如果他不努力工作，公司的业绩自然就会受到影响。

如果你知道该经理人在之前工作单位的薪酬水平是 10 万元，那你给他开出的薪酬待遇就不能低于这个水平，因为这是他的保留支付，否则他是不会答应到你的公司来工作的。那么现在的问题就是你要如何使这名经理人努力地为你工作。如果你给他高于10 万元的固定薪酬，比如 15 万元，还是不能保证他努力地为公司工作，你也不能保证他不会在任职期间从事不利于公司的事情。所以，这个方案肯定不好。你应该向他提供一个有弹性的薪酬方案，让他在获得保留支付的前提下，付出越多的努力就可以获得更高的薪酬。

虽然企业所有者不能直接观察经理人的行为，但却能通过可观察的企业经营绩效来判断其行为。只要企业经营业绩部分地取决于经理人的努力程度，那么将企业业绩与经理人报酬挂钩就可以防止（起码部分防止）道德风险的发生。所以，你应该将经理人的薪酬和公司的业绩紧密关联起来，让其工资薪酬收入成为公司业绩（产出或者利润）的函数，产出越多收入就越高，产出越少收入就越低。当然还可以给予这名经理人一定的公司分红、利润提成、股票期权等。当然，你还要注意，当市场环境等因素的不确定性过强时，经理人的努力程度与企业业绩不一定吻合，这种方法就会失效。

作为委托人，如果你提供给这名经理人的薪酬方案或合同可以同时满足参与约束和激励相容约束，那么你的这个方案或合同就是可行激励方案，这份合约也就是可行激励合同。如果这个激励方案或合同能够让代理人参与并激发出他自己最大的努力程度，也就是经理人绝对不会偷懒，那么这种激励方案就是有效的。所以在某种意义上，委托人就应该围绕这两个约束条件设计可行的、有效的激励方案，让代理人可以全身心地为委托人工作。

当然，即便你设计出再好的合同条款，也不意味着可以放弃对这名经理人的监督，毕竟合同的执行也需要有监督作为保障。所以，你还是应该花费一定的成本来加强对经理人的监督，监督使委托人在一定程度上能够直接观察代理人的努力程度，一旦经理人被发现有偷懒行为或其他不符合公司利益的行为都将受到惩罚。当然，企业所有者对经理人进行监督以获取其私人信息的时候要付出监督成本，它随着监督程度的深入而递增；而且为尽可能减少道德风险产生的损失，就必须支付给代理人一定的激励报酬，这是道德风险成本，因其边际效用的缘故而递减；这两者就构成了代理成本。这就促使企业所有者必须在监督成本与激励经理人的代理成本之间进行权衡。如果监督成本高于代理成本，则委托人要放弃监督代理人的行为，这种结果相当于代理人即经理人行为不可观察。当然，这并不是说代理人的行为不可监督，而是监督成本过高，委托人主动放弃观察。因此，监督可以减少经理人违背所有者意愿的行为，但却不能解决全部问题。

效率工资

在前述内容的基础上，我们来看一个博弈，通常称之为“幸运 CEO”博弈。在这个博弈中有两个参与者，公司和公司的 CEO（Chief Executive Officer，首席执行官），是在一个企业中负责日常经营管理的最高级管理人员，又称作行政总裁。

首先，公司所有者为其 CEO 提供一份合同，约定 CEO 的薪酬 w 依赖于公司的利润水平 q。，如果这名 CEO 决定接受这个合同，他就需要为公司工作，但是他的努力水平 e 不能被公司观察到，只能假设他可以付出成本为 0 的低程度努力水平和成本为 10 的高程度努力水平。他的保留支付为 5 个单位。那么，公司的支付就是（$q-w$），CEO 的支付为（$w-e$）。这个博弈的相关投入产出信息如图 10-1 所示。

公司产出的概率

CEO的努力		低（q=0）	高（q=400）
	低（e=0）	50%	50%
	高（e=0）	10%	90%

图 10-1　幸运 CEO 博弈的投入产出信息

根据设定的信息，如果 CEO 付出高程度的努力，他有 10% 的概率获得低产出（q=0），也有 90% 的概率获得高产出（q=400），但是不管怎样，他获得的工资收入不能低于 5 个单位的保留支付。那么，他的参与约束就是：10%×［w（0）－10］＋90%×［w（400）－10］≥5。简单地推导一下得到：10%×w（0）＋90%×w（400）≥15。这就意味着这位 CEO 的预期薪酬应该等于 15 个单位。

要让这位 CEO 努力地工作，就应该让他在努力工作时获得的收益大于其不努力工作时的收益，那么他的激励相容约束就应该是：50%×w（0）＋50%×w（400）≤10%×w（0）＋90%×w（400）－10。简单地推导一下，可以得到：w（400）－w（0）≥25。这个结果就说明，如果要使该 CEO 为公司努力地工作，那么公司付给他的薪酬就应该比他在不努力工作时的薪酬高出 25 个单位。

如果公司要给这位 CEO 开出的高工资与低工资之间的差距达到 25 个单位，其中的弹性显然是很大的，为了更好地激励这位 CEO，那就只有采取“胡萝卜”加“大棒”的策略了。假如公司设定尽可能低的低工资，比如 w（0）＝0，那么高工资就应该是 w（400）＝25。在这个合同下，CEO 的期望收益为：10%×0+90%×25−10＝12.5，这是他保留支付的 2.5 倍，这肯定让他很高兴。

在这个合同下，公司的支付是多少呢？公司的预期支付是预期产出扣除支付给 CEO 的工资，即 10%×［0−0］＋90%×［400−25］＝337.5。假如公司给这位 CEO 支付较低的工资，不妨设为其保留支付 5 个单位，那么公司的预期收益为：50%×［0−5］＋50%×［400−5］＝195。这样一对比，你就可以看出，向 CEO 支付高工资对公司而言是比较有利的，可以获得更大的产出。也就是说，公司需要提供更高的奖励性薪酬才能实现对 CEO 良好的激励效果。

面对着公司提供的如此有诱惑力的工资待遇，很多职业经理人都会来争取这个 CEO 的职位，因为他们可以从中得到 12.5 个单位的期望工资，而在其他地方只能获得 5 个单位的工资。他们愿意拒绝其他单位提供的职位来争取得到这个公司的该职位。而一旦被录用为 CEO，一般也就不会轻易地离职再去另谋其他职位了，因为他很难再找到一个如此高工资的职位。

这种由企业付给员工的高于市场平均水平的工资，就是效率工资（efficiency wage）。这样的工资能够起到有效激励企业员工的作用，可以有效地提高生产效率，提升企业经营绩效。因为企业设计了高水平的效率工资，企业员工就不会选择企业不愿意看到的行动，比如偷懒或者在外面兼职，因为这很有可能导致自己被解雇。同时，因为工资成本提高，企业就会减少对员工的需求，这样一来，就使得现在在本单位任职的员工重新找工作的代价提高了。很显然，这是一种双重作用的激励机制，会促使员工更加努力工作，以获得更高的薪酬收入。

所以，效率工资其实就是一种筛选机制，它以高于市场行情的工资水平挑选出优质员工，并将他们留在企业内。换句话说，效率工资就是企业或其他组织支付给员工的比市场平均水平高得多的工资，以此来促使员工努力工作的一种激励制度。

激励机制设计

分析了信息不对称的问题之后，我们就有充分的基础来谈一下机制设计问题了。所谓机制设计（mechanism design），就是在信息不对称的条件下设计一套博弈规则，令不同类型的博弈参与者做出不同的选择，并促使他们尽最大努力去工作。换句话说，机制设计就是围绕信息甄别问题和激励设计问题展开的。

实质上，机制设计就是一种典型的三阶段不完全信息博弈：在博弈的第一轮，委托人提供一种规则、合同或制度；在博弈的第二轮，代理人选择行动，决定是否接受这种机制；如果接受，则进入博弈的第三轮，代理人在博弈规则约束下选择行动。

经营者股票期权

假如你是某家公司的董事长，你心里很清楚，在市场经济下，公司股票价格的变动是其经营业绩变动的衡量标准，而公司的股票价格主要取决于其长期赢利能力。公司长期赢利能力强，该公司股票分红多，增值潜力就大，证券市场的认可度高，那么其股票价格就高。所以，既然公司的业绩取决于其高层经营管理人员的努力，那么股票价格也就取决于高层经营管理人员努力程度。如果有一种机制能够使得公司的高级管理人员与公司的整体利益联系在一起且协调一致，也就能够激发起高层管理者及其团队的最大努力，且避免一些道德风险行为，那自然是最佳的选择。这时，你应该想到股票期权计划。

早在 1952 年，美国有一家叫作菲戈尔的公司，为了避免公司主管们的现金报酬被高额的所得税“吃掉”，于是在雇员中推出了世界上第一个股票期权计划。随后的几十年中，这种制度被迅速传播开来，在美国大多数上市公司中得到成功实践和推广，如今已经成为世界潮流，90% 以上的世界 500 强企业都对高层管理人员实行了股票期权制度。之所以选择对企业的高层管理人员（主要是公司经理）实行股票期权制度，是因为这部分员工是企业的中坚力量，掌握着公司的日常决策和经营权力，自然也是激励的重点。

经营者股票期权（executive stock options，ESO）是现代公司的激励机制之一，其基本内容是给予公司内以 CEO 为首的高级经理人员在未来某个特定的时间按某一价格购买一定数量本公司普通股的权利。这是高级管理人员享有的一种在未来某一个时刻的选择权而不是义务，可以在规定时期内以股票期权协议签订时规定的价格（一般称为行权价格）购买公司的股票。在行使这项期权之前，股票期权持有人没有任何现金收益，当然也不能转让，行使这项期权之后，个人收益为市场价格和行权价格之间的差价。

经营者股票期权计划之所以会产生预期的效果，完全是因为该制度设计优秀，充分考虑了公司各级管理人员的参与约束和激励相容约束。首先，经营者股票期权是一种权利而不是一种义务，它更是一种看涨期权，只有在股票价格上涨时才会被管理人员选择购买，在股票价格下跌时管理人员则没有义务购买。其次，股票期权的购买价格是一种优惠价格或者锁定价格，其行权价格必须考虑公司的增长潜力，而且一定会留给管理人员一定的股票升值空间。第三，股票期权制度体现的是一种未来的概念，其价值只有在企业各级管理人员努力工作若干年并让企业得到发展之后才能得到体现，那时公司每股净资产提高，股票价格上涨，期权价值才真正有意义。

员工持股及弹性薪酬

随着你的公司经营业绩的扩大，你突然有一天意识到，作为公司股东及所有者，你和董事会的成员们对企业本身的关心远远超过仅仅作为被雇用的劳动者的员工。你们虽然利用股票期权解决了对高层经理人员们的激励问题，但是你们依然仅仅把员工当作雇佣劳动者，如果他们既作为雇者又作为股东的话，对待企业的态度就会截然不同了，他们工作的积极性自然也不同。所以，你想不妨也对员工实行配股，让员工和股东成为一家人。

为员工配股就是让员工持有本公司的股票，这项计划通常被称为员工持股计划（employee stock ownership plans，ESOP），是指通过让员工持有本公司股票而使其获得激励的一种长期绩效奖励计划，这是一种常见的激励方式。其目的就是让员工在观念上改变身份，让员工成为公司的股东，并通过股份分红或股票增值来分享企业成长所带来的收益。在这种计划下，企业可以设定一些优惠条件让员工通过购买的方式来持有股份，企业也可以向员工赠送股票。

理论上来讲，假如员工拥有公司的股票，他们所付出的劳动就会得到更多的报酬。但是员工持股计划真的有效吗？从博弈论的视角看，它可能没那么有效。理由如下。

首先，因为在一些大型的公司中，每一个员工所持有的公司股票不会很多，所占的股权比例很小，只能占公司所有股份的数十万分之一，甚至数百万分之一。假设你的公司的一位员工持有公司一百万分之一的股票，那么即使他努力工作使公司增加了 100 万元的可分配利润，他自己也只能获得 1 元钱的分成。这 1 元钱可以激励他什么呢？他估计什么也不会做，也不会选择付出更多的努力，因为这个配股带来的分成根本不能影响他个人的实际收益。

其次，我们在第 6 章分析“智猪博弈”时谈到了“搭便车”

的问题，“搭便车”的博弈参与者制胜的关键就是自己尽量偷懒而希望别人完成工作。从这个观点来看，企业的员工即使持有公司的一些股份也难以避免员工之间相互“搭便车”的困境。既然员工持有的股份很少，他再怎么努力也不能给自己带来明显的利益，而如果除了自己之外的所有员工都可以努力工作，自己不用付出什么额外成本反而会获得更多的收益，那么何不让别人都去努力，而自己“搭便车”偷懒呢？这样的博弈结果，就使大部分员工都指望整个团队的成功是靠别人的努力实现的。

基于以上两点，实际上来看，员工持股计划的效果难以尽如人意。也就是说，同样都是持股计划，但是对于高层管理者和普通员工而言，效果是完全不同的。持股计划对高层管理者有效，是因为高层管理者人数少，每个管理者可以获得的股份就比较多，而他们对于公司的盈亏有着重要影响，足以激励他们努力地为公司工作。持股计划对普通员工低效或无效，是因为普通员工人数众多，难以避免出现“搭便车”问题。那么如何解决普通员工的激励问题呢？

根据员工自身的业绩来定其薪酬就有效得多。对员工而言，如果他的薪酬是根据公司整体的业绩来发放的，只要他做的事情不对公司的利润产生很大的影响，他就不会努力工作，会变得毫无斗志。但是，如果他的工资薪酬是根据自身的业绩来发放的，那么他就会在乎自己对公司的贡献，为了得到更高的薪酬，他一定会努力工作。所以，只要员工的工作是可以用其业绩来衡量的，那么激励员工的最好方式就是采用弹性的薪酬制度，多劳多得嘛，“搭便车吃大锅饭”显然没有什么好处。

但是有一点要提醒各位。虽然一直支付固定的薪酬，会让员工敷衍了事；但是完全根据他的业绩来支付薪酬，又必然使他承担很大的风险，因为某些时候即使他努力工作也可能业绩不好。那么，如果让他承担过高的风险，他可能就会要求更高的薪酬，或者干脆因为承受不了压力而辞职了事，到其他单位去寻找一份比较安稳的工作。所以，雇主的激励和雇员的风险之间存在一个需要权衡的难题。

如果你能够按照员工的努力程度而不是单纯按绩效进行考核，问题自然可以得到解决，那些努力了但是没有实现好的业绩的员工也不会背负难以承受的风险压力。但是问题也随之而来，一方面，员工努力了却没有实现好的业绩，原因可能是员工自身的素质不够；另一方面，员工的努力程度很难量化，只能靠主观的判断，这比评估绩效困难得多。所以，激励和风险之间并没有一个完美的解决方案。

风险投资家的选择

现在，我们来谈一下风险投资资本家可能面对的抉择问题。所谓风险投资，就是指那些拥有雄厚的资金实力的投资家对一些具有专门的技术并且市场前景良好，但是缺乏启动资金的创业者进行资助，帮助他们创业，并要承担创业投资失败的风险。当然，风险投资家不能无偿地这么做，他们要利用所投入的资金换回新创企业的部分股份，并希望在日后获得红利或出售该股权获取投资回报。

假如 A 是一位风险投资家，具体运作和管理了 30 多亿元的风险资本，为了逐利，他时刻在市场上寻求投资获利的机会，甘愿冒高风险以追求最大的投资回报。而 B 是一个大学里从事软件开发的教师，手上正好有一个自己认为很有前途的项目——自主开发的一款新型的智能手机，但是 B 没有足够的钱作为启动资金，所以需要找人投资他的项目，以帮助自己顺利融资实现这个项目的开发运作。B 利用一些关系找到了 A，向他介绍了自己的全部商业计划，希望 A 能够资助自己，并承诺 A 可以获得新企业的大部分股份。听完 B 的叙述，A 表示他认为这个项目的确是一个“高科技、高成长潜力”的投资项目，正因为如此，这也是一个高风险的项目，但是他对此有兴趣，所以乐意资助 B。

对于投资的具体问题，B 向 A 提出，希望 A 能够投资 2000 万元，B 把新创公司 80% 的股权给 A。对于这个提议 A 并不完全同意，他答应投资 2000 万元，但是要求 B 必须自己出资 50 万元，A 可以只拥有新创公司 50% 的股份。显然，这两种方案都是站在各自的立场上提出的，但是哪种方案更好呢？

如果按照 B 的提议，A 投资 2000 万元，获取 80%的股份，这看起来很不错，A 可以用 2000 万元的投资换取一家成长性很好的公司。但是 A 显然并不知道 B 到底是一个什么样的人，如果 B 拿到 A 的投资并成功创办了一家企业，之后是否还会继续努力地进行这款智能手机的开发设计，是否会变得谨小慎微而裹足不前，这些都是 A 无法知道的。如果 B 不努力工作，滥用投资，最终导致公司倒闭，B 依然还是教师，他的状况不会变得更差，因为这 2000 万元的投资都是 A 的，而一旦 B 经营失败，A 的投资将血本无归。

如果按照 A 的方案，B 必须自己投资 50 万元，然后 A 才愿意为 B 投资 2000 万元，虽然 B 自己投资的 50 万元和 A 投资的 2000 万元相比较少，但却是他辛苦工作了十几年存下来的所有财产，对于 B 来说是很大的一笔投资。如果 B 不好好地经营新创企业，他们一起投资的 2050 万元就将血本无归，这样一来，B 就不会不努力工作，他要为了项目的成功全力以赴。虽然 A 只获得 50%的股份，但却用 30%的股权换来了一种对 B 的激励，这样可以让 B 努力地工作，而这正是该项目运作成功的关键。

A 和 B 的提议之所以不同，是因为他们的立场和出发点完全不同。一方面，B 作为创业者，肯定希望得到投资，但是 B 又不希望受到很大的约束，他总是希望可以规避可能的损失。如果企业的运作资金完全来自 A，B 即使创业失败也没有任何损失。虽然 B 也不想把企业搞垮，但是这个项目毕竟是有风险的。另一方面，A 作为风险投资家，肯定希望项目能够成功，这样 A 才能获得投资回报。而 A 毕竟有很丰富的投资经验，心里十分清楚，这个项目的核心是 B 的研究成果，如果 B 不努力工作，这个项目就会失败。所以，A 必须想办法让 B 努力工作。基于此，A 才决定让 B 也出资一部分，尽管不多，但是也足以让 B 伤筋动骨了，如果 B 不努力工作，项目失败就会让他的日子很难过。所以 A 甘愿少占有 30%的新创企业的股份也要让 B 必须出资一小部分。这就是 A 作为风险投资家的高明之处。

小结

本章主要向大家介绍了在信息不对称条件下博弈参与者之间结成委托—代理关系之后出现的道德风险问题，并阐释了对代理人的激励约束的机制设计。拥有私人信息的一方是代理人，而处于信息劣势的一方就是委托人。正是委托人和代理人之间的信息不对称，造成了代理人的道德风险，也就是代理人于签订合约之后在最大限度地增进自身效用的同时做出不利于他人的行动。由于道德风险的存在，我们遇到了很多看似反常的事情，比如救助服务助长了冒险、保险带来了更大的损失、骑摩托戴头盔反而发生更多事故等。

在信息不对称的环境下，要让代理人能够为委托人努力地工作，就必须在委托人给定的合同下满足对代理人的两个约束，即参与约束和激励相容约束。参与约束就是要保证代理人接受合约而获得的收益至少不能比他拒绝该合约时的收益低，激励相容约束则是让代理人在努力工作时所获得的收益大于不努力工作时的收益。那么，如何在信息不对称的条件下设计出一套博弈规则，可以让不同类型的博弈参与者做出不同的选择，并促使他们尽最大努力去工作呢？这就是机制设计问题。比如，为了有效地激励员工，在一般情况下，企业所有者应该依据代理人创造的业绩为他们发放薪酬，这样可以促使他们产生最强的工作动机。在实际运作中，对高层经营管理人员采用股票期权激励就比对一般员工进行股权激励更加有实际意义，对后者采取以其自身所创造的业绩来核定薪酬则激励更加有效。再比如，让创业企业家与风险投资家一样也投入部分资金就会更能激发出创业者的努力。

基础练习

一、经营者对股东目标的背离表现在道德风险和逆向选择两个方面，你能举几个经营者的相关行为对此加以说明吗？有什么办法予以防范化解吗？

二、如果学生在考试之前全面复习，考好的概率为 90%；如果学生只复习一部分重点，则有 50% 的概率考好。全面复习花费的时间 $t_1=100$ 小时，重点复习只需要花费 $t_2=20$ 小时。学生的效用函数为 $U=W-2e$，其中 W 是考试成绩，有高低两种分数 W_h 和 W_l，e 为努力学习的时间。问：老师如何才能促使学生全面复习？